Thomas Arndt
Matthias Reinschmidt

Amazonen

Freileben - Haltung - Ernährung - Zucht

Arndt-Verlag

Impressum

Dieses Buch ist all jenen gewidmet, die sich aktiv für den Erhalt bedrohter Amazonenarten einsetzen.

Arndt, Thomas
Reinschmidt, Matthias:
Amazonen
– Freileben, Haltung, Ernährung, Zucht

1. Auflage (2006)
Arndt-Verlag

ISBN 3-9808245-5-1

Gesamtgestaltung:

Thomas Arndt

Lektorat:

Walter Weinberger

Druck:

Strube OHG, Felsberg

Bildnachweis:

Arndt, T.: 3, 6, 8-23, 24 rechts, 25-28, 31-37, 45-53, 57, 60 links, 62, 64, 67, 69-71, 73, 74, 76-80, 83-93, 97-104, 108, 111, 112, 114, 115, 117, 119-123, 125, 126, 134
Barbaran, R. F.: 65 rechts
Brightsmith, D.: 40, 41 rechts
Bürkle, M.: 66 oben
Butler, P. : 65 links
Gnam, R.: 55, 60 rechts
Grimm, J.: 77
Hoppe, D.: 66 unten
Koch, A.: 81
König, C.: 63
Lambert, K-H.: 29, 38/39, 42, 54
Munn, C.: 41 links
Müller, H.: 58
Pittman, T.: 42
Reinschmidt, M.: 7, 59, 72, 75, 82, 94-96, 105-107, 109, 110, 113, 116, 117, 124, 127-133, 135-141
Seitre, R.: 24 links, 30, 56
US Forestry Service / Puerto Rican Parrot Recovery Program: 61, 68

Titelbilder: T. Arndt

Doppelgelbkopfamazone
(Amazona ochrocephala oratrix)

Inhalt

Inhalt

Vorwort

Wie keine zweite Gattung sind die Amazonen der Inbegriff für einen Papagei. Schon die spanischen Entdecker brachten Amazonen von ihrer ersten Erkundungsfahrt mit nach Europa, wo sie

Thomas Arndt

mit einer Gelbwangenamazone

zusammen mit Gold und Perlen von den Menschen bestaunt und bewundert wurden.

Auch wir sind schon seit Jugend an von den Amazonen fasziniert, und so ergab sich bei einem unserer geselligen Abende auf Teneriffa der Entschluss fast wie von selbst, unser Wissen über diese bekannte Gattung als Gemeinschaftsprojekt in Form eines Buches festzuhalten. Das bot sich allein schon deswegen an, weil wir jeweils unter einem anderen Blickwinkel Erfahrungen mit diesen interessanten und beliebten Papageien sammeln konnten und uns in diesem Buch ergänzen.

So konnte Thomas Arndt auf seinen zahlreichen Reisen durch die meisten Länder Süd- und Mittelamerikas wie kaum ein zweiter die verschiedenen Amazonenarten im Freiland beobachten und studieren. Ob es nun in Mexiko war, wo er die Populationen der Grünwangen- (*A. viridigenalis*) und der Goldzügelamazonen (*A. xantholora*) besuchte und fotografierte, in Brasilien bei den Rotschwanz- (*A. brasiliensis*) und den Taubenhalsamazonen (*A. vinacea*) oder in den kolumbianischen Santa-Marta-Bergen bei den Beständen der Soldatenamazone (*A. mercenaria*), stets beeindruckte ihn das Verhalten und die Ausdruckskraft der Vögel aufs Neue.

Zum Wissen aus dem Freiland kommen seine Untersuchungen des wissenschaftlichen Balgmaterials in nahezu allen großen Museen der Welt, was ihn zu einem profunden Kenner nicht nur der Amazonen werden ließ. Seine zahlreichen Veröffentlichungen sowie seine Vorträge auf vielen Kongressen und Symposien zeugen von seinem umfangreichen Wissen.

Für Matthias Reinschmidt gehörten die Amazonen zu den ersten größeren Vögeln, die er gepflegt hat, und es war kein Zufall, dass ihm der erste Zuchterfolg mit größeren Papageien bei einem Paar Gelbwangenamazonen (*Amazona a. autumnalis*) gelang. Noch heute zählen diese Amazonen zu seinen persönlichen Favoriten unter den Psittaziden.

Schon früh engagierte er sich im Rahmen eines Erhaltungszuchtprogrammes (in Zusammenarbeit mit dem Zoo Karlsruhe und den Vogelfreunden Achern) für die bedrohte Tucumán-Amazone (*Amazona tucumana*). So war denn auch deren Brutbiologie das Thema der Diplom-Arbeit für den Abschluss seines Biologiestudiums. Nachdem er jahrelang als Redakteur der renommier-

Vorwort

ten Fachzeitschrift PAPAGEIEN tätig war, ist er heute als Kurator des Loro Parque auf Teneriffa verantwortlich für die artenreichste Papageienkollektion der Welt. Unter den 3.500 Vögeln befinden sich allein 44 Arten und Unterarten von Amazonen. Die meisten von ihnen hat Matthias Reinschmidt mittlerweile gezüchtet, so dass er wie kein zweiter auf einen großen Erfahrungsschatz im Umgang mit Amazonen zurückblicken kann. Im Rahmen seiner Tätigkeit im Loro Parque ist er auch für die europäischen Zoos als Koordinator des Europäischen Erhaltungszuchtprogramms (EEP) für die Granada-Amazone (*Amazona rhodocorytha*) sowie als Zuchtbuchführer für das Europäische Zuchtbuch (ESB) der Prachtamazone (*Amazona pretrei*) aktiv.

Besonders am Herzen liegt uns nicht nur das Wohlergehen der Amazonen, die sich weltweit bei den vielen Papageienfreunden in Menschenobhut befinden, sondern auch der Schutz der bedrohten Papageien in ihren natürlichen Lebensräumen. Das vorliegende Buch weist deshalb auch immer wieder auf die Bedrohung der Amazonen und deren Ursachen hin. Es soll deshalb zum einen Ratgeber für all jene sein, die das Beste für ihre Heim- oder Volierenvögel wollen, zum anderen über die Freilandsituation der Amazonen informieren und vielleicht auch dazu animieren, sich für deren Erhalt zu engagieren oder sie einfach einmal im Rahmen einer Urlaubsreise in ihrem Lebensraum zu besuchen.

Wir hoffen, dass die Leser beim Studieren des Buches genau die gleiche Freude empfinden, wie wir sie auch heute noch haben, wenn sie – animiert durch dieses Buch – vielleicht einmal einen Schwarm Amazonen im Freiland fliegen sehen, zu Beginn der Brutzeit das erste Ei im Nistkasten entdecken oder sich einfach nur am Verhalten ihrer Amazonen zu Hause freuen.

Bedanken möchten wir uns herzlich bei Herrn Wolfgang Kiessling (Generaldirektor Loro Parque), der uns ermöglicht hat, die Amazonen der Loro Parque Fundación für dieses Buchprojekt zu fotografieren, sowie bei Walter Weinberger und Dr. Rainer Niemann für die kritische Durchsicht des Manuskripts.

Bretten und Puerto de la Cruz, den 15. August 2006

Matthias Reinschmidt

mit jungen, von Hand aufgezogenen Amazonen im Loro Parque

Kawall-Amazone

als einziger Vertreter der Gattung besitzt die Kawall-Amazone an der Schnabelbasis eine nackte Wangenhaut

Die Gattung Amazona

Merkmale

Eigentlich müsste man annehmen, dass die systematische Einteilung der Papageienfamilie mit ihren so unterschiedlich ausgeprägten Vertretern einfach wäre. Tatsächlich haben sich die Taxonomen aber immer schon schwer getan, die exakten Verwandtschaftsverhältnisse zu bestimmen.

Heute hat man sich weitgehend darauf geeinigt, die Ordnung der PSITTACIFORMES in zwei Familien, nämlich die CACATUIDAE (Kakadus) und die PSITTACIDAE (Papageien), aufzuspalten. Die PSITTACIDAE wiederum teilen sich in die Unterfamilien LORIINAE (Loris) und PSITTACINAE (eigentliche Papageien) auf. Letztere haben neun Gattungsgruppen hervorgebracht, von denen uns in diesem Buch die der ARINI – die Neuweltpapageien – besonders interessiert. Unter ihren nicht weniger als 31 Gattungen befinden sich auch unsere Amazonen, die bereits im Jahre 1830 von dem berühmten französischen Ornithologen René Primevère Lesson den Gattungsnamen *Amazona* erhielten.

Die Vertreter dieser Gattung bilden – von einer Ausnahme abgesehen – ein einheitliches Bild: Es sind mittelgroße bis große Papageien mit einem gedrungenen Körper. Sie besitzen einen schweren, kräftigen Schnabel, der eine deutliche Einkerbung im Oberschnabel aufweist und an dem sich in der Regel eine nackte Wachshaut anschließt. Nur die Diademamazone (*Amazona autumnalis diadema*) zeigt auch hier Federn, und die 1989 entdeckte Kawall-Amazone (*Amazona kawalli*) hat als einziger Vertreter der Gattung an den Schnabelseiten einen nackten Wangenbereich, der etwas an den der Aras erinnert.

Das Grundgefieder ist bei den meisten Arten grün, und in der Regel unterscheiden sich die meisten Amazonen in der unterschiedlichen Färbung des Kopfbereiches. Allen sind der kurze, abgerundete Schwanz und die breiten, ebenfalls abgerundeten Flügelfedern gemeinsam. Viele Arten zeigen einen orangefarbenen bis roten Flügelspiegel, der vor allem während des Fluges deutlich zu sehen ist. Ebenfalls auffällig ist bei vielen Amazonen die Schwanzfärbung - oft ist es eine gelbliche Federsäumung oder eine rote Zeichnung an der Basis -, deren Funktion eine deutliche Rolle bei der Balz spielt, wenn der Schwanz weit aufgefächert wird. Dies gilt auch für die Nackenfedern, die bei einigen Arten wie der Venezuela- (*A. amazonica*) und der Taubenhals-Amazone (*Amazona vinacea*) fächerartig aufgestellt werden.

Nur bei fünf Arten - Weißstirn- (*A. albifrons*), Goldzügel- (*A. xantholora*), Rotspiegel- (*A. agilis*), Pracht- (*A. pretrei*) und Tucumán-Amazone (*A. tucumana*) - findet man einen mehr oder weniger ausgeprägten Sexualdimorphismus. Beim Rest

rechte Seite:
Die Venezuela-Amazone
kann die Nackenfedern fächerartig aufstellen

Die Gelbbauch-amazone

ist streng genommen gar keine Amazone.

fehlt er, und die Weibchen sind zwar im Durchschnitt etwas kleiner als die Männchen, aber nicht sicher zu erkennen.

Die Jungvögel weisen in der Regel ein matteres Gefieder auf, insbesondere ist meist die jeweilige Rot-, Gelb- oder Blaufärbung noch unvollständig ausgebildet. Das Gefieder bzw. die Gefiederzeichnung wird mit zunehmendem Alter kräftiger und nimmt wie im Fall der gelbköpfigen Unterarten der Gelbscheitelamazone (*A. ochrocephala*) auch im fortgeschrittenem Alter noch an Umfang zu.

Die Amazonen sind sicher die erfolgreichste Gattung unter den Neuweltpapageien. Sie haben nahezu ganz Mittel- und Südamerika sowie viele Inseln der Karibik besiedeln können. Zu verdanken haben sie das streng genommen einem körperlichen Mangel: Der kompakte Körper und die verhältnismäßig kurzen Flügel erlauben den meisten Arten keine Langstreckenflüge. Das bedeutet natürlich, dass sich die Vögel das Futter in ihrer näheren Umgebung suchen müssen und nicht wählerisch sein dürfen. Tatsächlich ist die Palette an bekannten Nahrungspflanzen bei den Amazonen überdurchschnittlich breit. Die Vertreter der Gattung zählen hinsichtlich ihrer Ernährung zu den Generalisten unter den Papageien, was ihnen wiederum ermöglichte, ohne große Schwierigkeiten neue Gebiete zu besiedeln und sich auszubreiten. Noch heute kann man diese Eigenschaft bei den Populationen entflogener Amazonen bestaunen, die sich in Kalifornien, Florida, aber bereits auch in Deutschland in Stuttgart gefestigt haben.

Die zuvor erwähnte Sonderstellung unter den Amazonen nimmt die Gelbbauchamazone (*Amazona xanthops*) ein. Sie bewohnt die brasilianischen Cerrados und ist den Papageienhaltern und Züchtern schon lange aufgrund ihres abweichenden Verhaltens aufgefallen. Viele Vögeln zeigen einen nackten Bereich über der Wachshaut, von dem man bislang angenommen hatte, er entstünde durch das oft aggressive Partnerverhalten in der Volierenhaltung oder durch Federrupfen. Tatsächlich taucht er aber auch bei Freilandvögeln auf, und es wäre nicht verwunderlich, wenn sich einmal herausstellen würde, dass es eine Erscheinung ist, die mit dem Brutverhalten in Zusammenhang steht. Entscheidender ist aber, dass DNA-Untersuchungen von Caparroz und Duarte (2004) erbracht haben, dass die Gelbbauchamazone karyologisch das Bindeglied zwischen der Gattung *Amazona* und den Rotsteißpapageien (*Pionus*) darstellt. Noch näher als mit den Rotsteißpapageien scheint sie aber mit der aus nur einer Art bestehenden Gattung der Kurzschwanzpapageien (*Graydidascalus*) verwandt zu sein, mit denen sie einen gemeinsamen Vorfahren teilt. Bei dieser Art handelt es sich um einen nahezu einheitlich grün gefärbten Papagei, der aber von seiner Körpergestalt durchaus große Ähnlichkeit mit der Gelbbauchamazone aufweist. Es wird nun überlegt, letztere in eine eigene Gattung einzuordnen. Der Name hierfür wäre vorhanden: Der brasilianische Ornithologe Alipio de Miranda Ribeiro hat ihr bereits im Jahr 1920 die Gattung *Salvatoria* zugedacht.

Die Arten und ihre verwandtschaftlichen Beziehungen

Die Gattung besteht aus 29 Arten, die in sieben Gruppen aufgespaltet werden können, sieht man einmal von der zuvor schon erwähnten Gelbbauchamazone ab. Die Verwandtschaftsverhältnisse zwischen den einzelnen Spezies sind nur unvollständig geklärt, und bislang konnte noch keine befriedigende taxonomische Einteilung vorgenommen werden. Trotz der immer häufiger angewendeten DNA-Analysen wird das auch in Zukunft so schnell nicht zu erwarten sein, was einfach mit der Entwicklungsgeschichte und den besonderen Verhältnissen in Süd- und Mittelamerika zusammenhängt. Entstanden sein dürften die meisten Arten im Pleistozän, also vor rund 100.000 Jahren in der zweiten Hälfte des Quartärs. Haffer (1974) hat in seiner Arbeit über die Verbreitung südamerikanischer Vögel die Aufspaltung und Entstehung vieler Arten während dieser Periode eindruckvoll am Beispiel der Gattung *Pionopsitta* beschrieben. Seine Ausführungen treffen auf eine Vielzahl von Papageienarten bzw. -gattungen zu.

Im Pleistozän war Südamerika geprägt von einer anhaltenden Trockenperiode. Die gemeinsamen Vorgänger der heutigen Amazonenpapageien waren gezwungen. sich in die verbliebenen Waldrefugien – vergleichbar mit Inseln – zurückzuziehen. Die Lage dieser Refugien ist heute ziemlich genau bekannt. Insgesamt gab es in Mittel- und Südamerika 16 dieser Inseln, die über einen längeren Zeitraum für eine Isolation der Populationen und damit für die Entstehung neuer Arten sorgten. Nachdem die Trockenperiode beendet war und sich die verschiedenen Populationen wieder ausbreiten konnten, sorgten die neu entstandenen Habitate, aber auch die Vermischung der neu zusammentreffenden Populationen für eine weitere Differenzierung. So kann man z.B. bei einigen Gattungen wie den Sperlingspapageien (*Forpus*) oder den bereits zuvor erwähnten

Waldrefugien während des Pleistozäns

waren verantwortlich für die große Artenvielfalt Südamerikas; auf der linken Karte sind diese „Inseln“ schwarz umrandet.

Die Goldzügelamazone

Zierpapageien (*Pionopsitta*) gut erklären, wie die Differenzierung der heutigen Arten zustande gekommen ist, doch fällt dies bei *Amazona* schon schwerer. Mit ihren 29 Arten ist sie die umfangreichste Gattung unter den neotropischen Papageien, und so ist zu vermuten – und die jüngsten biochemischen Untersuchungen von Russello und Amato (2004) weisen darauf hin –, dass der Aufspaltungsprozess bereits vor dem Pleistozän im Gange war und mehrere Arten existierten. Dies würde z. B. erklären, warum die kleinen mittelamerikanischen Arten Weißstirn- (*A. albifrons*) und Goldzügelamazone (*A. xantholora*) viele Merkmale wie die roten Handdecken, die starke schwarze Säumung oder die rote Kopfzeichnung mit den am südlichsten verbreiteten Pracht- (*A. pretrei*) und Tucumán-Amazonen (*A. tucumana*) gemeinsam haben. So wie sie möglicherweise einen gemeinsamen Vorfahren besitzen, könnte dies auch für die vielen Arten zutreffen, die einen meist roten Flügelspiegel aufweisen. Unter diesem Aspekt ist es dann auch logisch, dass die Rotschwanzamazone (*A. brasiliensis*), die keinen Flügelspiegel aufweist, nach neueren Erkenntnissen nicht näher mit der Granada- (*A. rhodocorytha*) oder der Goldmaskenamazone (*A. dufresniana*) verwandt ist, obwohl frühere Taxonomen die beiden letzteren sogar als deren Unterarten geführt haben. Dass die Annahme, es könne für alle Amazonen mit rotem Flügelspiegel einen gemeinsamen Vorfahren gegeben haben, jedoch eine reine Hypothese ist, zeigt die Taubenhalsamazone (*A. vinacea*): Sie stellt zwar die Schwesterpopulation zur Pracht- (*A. petrei*) und Tucumán-Amazone (*A. tucumana*) dar, besitzt im Gegensatz zu diesen aber einen roten Flügelspiegel.

Schaut man sich die einzelnen Amazonengruppen einmal näher an, wird schnell klar, dass eine Aufteilung, wie sie in den meisten Veröffentlichungen bislang praktiziert wurde, so nicht mehr aufrecht erhalten werden sollte. Wir haben deshalb die Reihenfolge der Artbeschreibungen in diesem Buch neu arrangiert, um so auch die Verwandtschaftsverhältnisse besser zu verdeutlichen. Nachfolgend werden die Gruppen kurz erläutert, wobei hier die Gelbbauchamazone (*A. xanthops*) aus den zuvor dargelegten Gründen nicht berücksichtigt wurde.

1. Gruppe der kleinen Amazonen aus Mittelamerika und der Karibik

Die Amazonenarten der ersten Gruppe haben neben der geringen Größe in der Regel einen hornfarbenen Schnabel sowie eine schwärzliche Säumung insbesondere der Nackenfedern gemeinsam. Einen mehr oder weniger ausgeprägten Geschlechtsdimorphismus zeigen jene Arten, die roten Handdecken aufweisen. Es sind dies die mittelamerikanische Weißstirnamazone (*A. albifrons*) und die Goldzügelamazone (*A. xantholora*). Über letztere wurde von der Halbinsel Yucatán aus die Insel Kuba besiedelt, wo sich die heutige Kuba-Amazone mit ihren Unterarten auf den benachbarten Inseln, aber auch in einer weiteren Besiedlungsphase von Kuba aus nach Jamaika die Jamaika-Amazone (*A. collaria*) und nach Haiti die heutige Blaukronenamazone (*A. ventralis*) entwickelte (Lack 1976).

Bei der Puerto-Rico-Amazone (*A. vittata*) ist man sich nicht sicher, ob ihre Vorfahren Puerto Rico über die Kleinen Antillen erreicht haben oder ob sie aus der Blaukronenamazone hervorgegangen ist (Snyder et al. 1987).

Das Rätsel ihrer Herkunft umgibt aber besonders die Rotspiegelamazone (*A. agilis*), die als einziger Vertreter der Gruppe einen schwärzlichen Schnabel besitzt und der die typische schwarze Säumung der Körperfedern fehlt. Am wahrscheinlichsten ist, dass sie von Honduras oder Nicaragua aus ihre Heimatinsel Jamaika besiedelte und nicht wie die zuvor angeführten Karibik-Arten von *A. xantholora*, sondern von *A. albifrons* abstammt (Lack 1976). Ihre vordergründige Ähnlichkeit zur Puerto-Rico-Amazone dürfte auf Konvergenz zurückzuführen sein, da die klimatischen Verhältnisse und die Vegetation auf Jamaika und Puerto Rico durchaus ähnlich sind (Snyder et al. 1987).

2. Gruppe der kleinen Amazonen aus dem südlichen Südamerika

Zu ihr gehören die Tucumán- (*A. tucumana*), die Pracht- (*A. pretrei*) und die Taubenhals-Amazone (*A. vinacea*). Wie die erste Gruppe sind sie verhältnismäßig klein und zeigen eine kräftige Säumung der Körperfedern. Allen gemeinsam ist die rote Stirnfärbung. Während aber die beiden erstgenannten so eng verwandt sind, dass sie früher zu einer Art zusammengefasst wurden - heute jedoch als Superspezies betrachtet werden (Sibley & Monroe 1990; Collar 1997) -, stellt die Taubenhalsamazone nach den Untersuchungen von Russello und Amato (2004) eine Schwesterpopulation zu ihnen dar, d.h. drei Arten stammen von einem gemeinsamen Vorfahren ab.

Taubenhals-amazone

Ob die Ähnlichkeit der Vertreter dieser Gruppe mit der Puerto-Rico-Amazone aus Gruppe 1 auf Konvergenz oder auf einen gemeinsamen Ursprung zurückzuführen ist, wurde bislang noch nicht untersucht.

3. Gruppe der Amazonen mit roter Stirnfärbung und rotem Flügelspiegel

Hier handelt es sich um eine Gruppe, deren Vertreter eng miteinander verwandt sind. Allen ist

Grünwangenamazone (*A. viridigenalis*)

gemeinsam, dass sie eine rote Stirnfärbung, in der Regel grüne Wangen sowie einen roten Flügelspiegel aufweisen. Zu ihnen gehören die Grünwangen- (*A. viridigenalis*), die Blaukappen- (*A. finschi*) und die Gelbwangenamazone (*A. autumnalis*). Die beiden ersten Arten kommen allopatrisch vor und bilden eine Superspezies.

Hinsichtlich der *A.-autumnalis*-Unterarten *lilacina* und insbesondere *diadema* gibt es noch Klärungsbedarf. Beide waren in früherer Zeit als eigene Arten geführt worden (Cory 1918, Pinto 1937), während Peters (1937) sie *A. autumnalis* zuordnete. Während es bei *lilacina* noch nicht klar ist, ob sie sich in West-Kolumbien mit der benachbarten Unterart *salvini* vermischt, ist das isolierte Vorkommen von *diadema* unumstritten. Ridgely und Greenfield (2001) haben ihr bereits den Rang einer eigenen Art zugestanden, hierfür aber keine Begründung gegeben. Die ist aber eigentlich nicht allzu schwer zu finden: Bei der Diademamazone handelt es sich um den einzigen Vertreter der Gattung, dessen Wachshaut befiedert ist.

4. Gruppe der Amazonen mit blauen Wangen

Die Vertreter dieses Formenkreises stehen vermutlich in enger Beziehung zu den Vögeln aus Gruppe 3, und sie könnten wahrscheinlich sogar mit diesen zusammengefasst werden. Sie besitzen in der Regel blaue Wangen und - mit zwei Ausnahmen - einen roten Flügelspiegel. Zu ihnen gehören die Goldmasken- (*A. dufresniana*), die Granada- (*A. rhodocorytha*), die Blaubart- (*A. festiva*), die Blaumasken- (*A. versicolor*) und die Blaukopfamazone (*A. arausiaca*).

Granada-Amazone (*A. rhodocorytha*)

Wie bereits zuvor erwähnt, sind die Granada- und die Goldmaskenamazone - wie früher irrtümlich angenommen - zwar nicht näher mit der Rotschwanzamazone (*A. brasiliensis*) verwandt, aber es hat sich herausgestellt, dass beide Arten Schwesterpopulationen zueinander sind (Russello & Amato 2004). Dies erfordert, sie als jeweils eigene Arten zu führen und nicht - wie oft praktiziert – die Granada-Amazone als Unterart der Dufresnes Amazone zu listen.

Der Blaubartamazone fehlt der rote Flügelspiegel. Sie unterscheidet sich zudem noch sehr deutlich durch den roten Unterrücken von allen anderen Vertretern der Gruppe.

Die in der Karibik auf St. Lucia bzw. Dominica beheimateten Blaumasken- (*A. versicolor*) und Blaukopfamazone (*A. arausiaca*) werden meist nicht in Beziehung zu den Festlandarten gestellt, sondern in der Regel am Schluss der Gattungsvertreter gelistet. Das verhindert einen Blick auf die tatsächlichen Verwandtschaftsverhältnisse. Die Kleinen Antillen wurden vom nahegelegenen Festland aus besiedelt. Infrage kommt deshalb vor allem ein gemeinsamer Vorfahre mit *A. dufresniana*, was heute noch die morphologischen Gemeinsamkeiten wie die blaue Wangenfärbung und der rote Flügelspiegel erkennen lassen. Die Blaukopfamazone ist durch eine weiterführende Besiedelung von St. Lucia aus nach Dominica entstanden.

5. Gruppe der überwiegend grünen Amazonen

Zu dieser Gruppe gehören die Müller- (*A. farinosa*), die Soldaten- (*A. mercenaria*) und die Kawall-Amazone (*A. kawalli*). Letztere kommt sympatrisch mit der Mülleramazone vor und ist nach neueren Erkenntnissen die Schwesterpopulation zu dieser (Russello & Amato 2004). Allen sind die nahezu einheitliche Grünfärbung des Gefieders und der rote bis orangefarbene Flügelspiegel gemeinsam.

Es ist denkbar, dass in diese Gruppe auch die Kaiseramazone (*A. imperialis*) auf Dominica gehört. Sieht man einmal von der auffälligen, aber bei den Amazonen relativ häufig auftretenden violettrötlichen Kopf-, Brust- und Bauchfärbung ab, weisen die Größe, der rote Flügelspiegel und der rote Flügelsaum auf einen gemeinsamen Vorfahren hin. Eine Besiedelung von Dominica hätte entweder auf direktem Wege vom südamerikanischen Festland aus oder über den Umweg von der zuvor bei Gruppe 1 angeführten Yucatán-Halbinsel oder von Honduras bzw. Nicaragua über die Großen Antillen erfolgen können. Für letzteres spricht, dass es auf der nördlich von Dominica gelegenen Insel Guadeloupe mit *A. violacea* eine Art gegeben hat, die ähnlich wie die Kaiseramazone gefärbt war, die aber früh ausstarb.

Soldatenamazone

Marajó-Amazone

– sie ist eine Unterart der Gelbscheitelamazone (A. ochrocephala).

6. Gruppe der Amazonen mit gelber Kopfzeichnung

Diese Gruppe ist sicher eng mit der vorhergehenden verwandt und möglicherweise könnte sie mit dieser zusammengefasst werden. Es sind Amazonen, die eine mehr oder weniger ausgeprägte gelbliche Kopfzeichnung und einen roten Flügelspiegel haben. Zu ihr gehören die Gelbscheitel- (*A. ochrocephala*), die Blaustirn- (*A. aestiva*), die Gelbschulter- (*A. barbadensis*), die Königs- (*A. guildingii*) und die Venezuela-Amazone (*A. amazonica*).

Die herausragende Stellung in dieser Gruppe nimmt *A. ochrocephala* ein. Sie ist nach den Untersuchungen von Russello und Amato (2004) eine paraphyletische Art, was bedeutet, dass sich aus ihr andere Arten herausgebildet haben.

Während man dies bei der Gelbschulteramazone noch hätte erwarten können, war das Ergebnis für die weit verbreitete Venezuela-Amazone überraschend. Diese wiederum ist so eng mit der Blaustirnamazone verwandt, dass bei Untersuchungen der DNA praktisch keine Unterschiede zu erkennen waren (Aquino & Ferrari 1990).

Nur im ersten Moment überrascht es, dass die Königsamazone ebenfalls dieser Gruppe zugerechnet werden muss. Schaut man sich deren Färbungsmuster einmal genauer an und lässt den orangebraunen bis braungrünen Grundton des Gefieders außer acht, wird schnell erkennbar, dass auch sie einen Flügelspiegel, eine weißlichgelbe Gesichtsfärbung, eine dunkle Säumung des Nacken-, Brust- und Bauchgefieders sowie einen hornfarbenen Schnabel aufweist, wie diese auch bei der Gelbschulteramazone zu finden sind. Diese hat vom venezolanischen Festland aus bereits die Niederländischen Antillen besiedelt, und so macht es nur Sinn, dass ihre Vorfahren auch die Kleinen Antillen erreichten und sich dort die heutige Form der Königsamazone entwickeln konnte.

Bei den mittelamerikanischen Populationen der Gelbscheitelamazone wurde in den letzten Jahren heftig diskutiert, ob sie von den südamerikanischen abgespaltet werden sollten. Während Collar (1997) dies nicht für gerechtfertigt hält, spalten Juniper und Parr (1998) sie in die drei Arten *A. ochrocephala*, *A. auropalliata* und *A. oratrix* auf. Jüngste Untersuchungen von Eberhard und Bermingham (2004) haben jedoch erbracht, dass die einzelnen Unterarten des gesamten Komplexes untereinander deutlich enger miteinander verwandt sind als mit jeder anderen Amazonenart. Nach ihren jetzigen Erkenntnissen begann die Besiedelung Mittelamerikas direkt nach der Ausbildung der panamesischen Landbrücke. Die Ausbildung der verschiedenen Unterarten erfolgte sowohl in Mittel- als auch in Südamerika während des Pleistozäns, hatte aber keine Artausbildung zur Folge.

7. Rotschwanzamazone

Überraschenderweise nimmt die Rotschwanzamazone (*A. brasiliensis*) eine Sonderstellung innerhalb der Gattung ein. Es wurde bereits zuvor darauf hingewiesen, dass sie weder mit der Dufresnes (*A. dufresniana*) noch mit der Granada-Amazone (*A. rhodocorytha*) verwandt ist, zu der man sie früher gestellt hat. Insgesamt scheint sie innerhalb der Gattung isoliert zu stehen, was auch klar wird, wenn man sich ihre Färbung anschaut: Keine andere Amazone zeigt blaue Ohrdecken, ein solch intensives Schwanzmuster oder so starke helle Säumung der Flügelfedern. So verwundert es nicht, dass sie ausgerechnet zur völlig unterschiedlich gefärbten Venezuela-Amazone (*A. amazonica*) näher verwandt als mit jeder anderen Amazonen-Art.

Die Rotschwanzamazone

nimmt innerhalb der Gattung eine Sonderstellung ein.

Verbreitung

Die Verbreitung der Amazonen

umfasst nahezu ganz Mittel- und Südamerika.

Verbreitung

Innerhalb der Neuweltpapageien hat sich kaum eine andere Gattung so weit ausbreiten können wie die Amazonen. Hier können lediglich noch die Keilschwanzsittiche (*Aratinga spp.*) mithalten, zum Teil auch die Aras (*Ara spp.*).

Amazonen findet man von etwa 30° nördlicher Breite in der mexikanischen Provinz Sonora – hier findet man die Sonora-Blaukappenamazone (*A. finschi woodi*) – südwärts bis zur argentinischen Provinz Buenos Aires in Höhe des 36° südlicher Breite. Bis hierher kommt die Gelbflügel-Blaustirnamazone (*A. aestiva xanthopteryx*) auf ihren jahreszeitlichen Wanderungen.

Sonora markiert mit 112° westlicher Länge auch die Westgrenze der Verbreitung. Im Osten liegt die Grenze bei etwa 36° westlicher Länge im brasilianischen Bundesstaat Paraiba, wo die Venezuela-Amazone (*A. a. amazonica*) vorkommt.

Hinsichtlich der Höhenlagen findet man eine Vielzahl an Arten in den unteren Bereichen ab dem Meeresspiegel, wobei viele Amazonen noch entlang der Andenhänge oder in den verschiedenen Gebirgsregionen bis 1.000 m zu finden sind. In den venezolanischen Tepui-Bergen der Gran Sabana lebt die Goldmaskenamazone (*A. dufresniana*) allerdings erst ab dieser Lage bis hinauf zu 1.700 m ü. NN. Die Blaukappenamazone (*A. finschi*) besucht in der mexikanischen Sierra Madre Occidental gelegentlich sogar Höhenlagen von 2.200 m, gleiches wird von der Tucumán-Amazone (*A. tucumana*) aus den argentinischen Anden berichtet.

Nur eine Amazone kann allerdings den Anspruch erheben, ein reiner Gebirgsvogel zu sein. Es ist die Soldatenamazone (*A. mercenaria*), deren reines Vorkommen erst ab 1.500 m Höhe beginnt und sich bis rund 3.000 m hinaufzieht.

Innerhalb ihres Verbreitungsgebietes ist es die einzige Amazone, die man über 1.500 m Höhe antrifft. Immerhin erreichen die Vögel auf ihren vertikalen Wanderungen in den Anden Boliviens, Perus, Ekuadors und Kolumbiens auch schon einmal 3.600 m. Allerdings können sie aber auf der Nahrungssuche auch einmal in nur 1.000 m auftauchen.

Habitate

Bei der großen Artenzahl innerhalb der Gattung *Amazona* ist zu erwarten, dass ein breites Spektrum an Vegetationstypen genutzt wird. Dies ist auch so, aber allen ist gemeinsam, das Baumbestand vorhanden ist. Insgesamt ist es schwierig, das exakte Habitat und dessen Nutzung für die meisten Amazonen zu bestimmen, da viele Arten sich nicht nur auf einen Typ Lebensraum beschränken, sondern zusätzlich in diesen oft bestimmte Bereiche nutzen bzw. meiden, die nicht immer offensichtlich sind. Dies können neben dem Futterangebot die Verfügbarkeit von Nistgelegenheiten sein, aber auch das Fehlen oder Vorhandensein von Konkurrenten. Insbesondere letzterer Aspekt führt zu unterschiedlichen Nutzungen. So weiß man aus Untersuchungen im südlichen Amazonasgebiet, wo die Müller- (*A. f. farinosa*) und die Natterer-Amazone (*A. o. nattereri*) vorkommen, dass sich erstere bevorzugt in dichter belaubten Bäumen zwischen 18 m und 25 m Höhe aufhält, während die Nattereramazone gerne auf den oberen kahlen Ästen der hohen Baumriesen sitzt. Die ökologische Separierung der beiden Arten erfolgt in diesem Gebiet also nicht durch die Nahrung, sondern vor allem durch die unterschiedliche Nutzung der Habitatsstruktur. Wenn im Folgenden also einige Lebensräume kurz dargestellt werden, sagt dies noch nichts über ihre spezialle Nutzung durch die Amazonen aus.

Tropischer Regenwald

Mit Papageien wird fast immer der tropische Regenwald in Verbindung gebracht. Tatsächlich kann man nur fünf der 29 Arten als typische Bewohner von Regenwaldgebieten bezeichnen. Dies sind die Blaubartamazone (*A. f. festiva*),

Regenwald

im brasilianischen Bundesstaat Pará, der einen großen Teil des Amazonasbecken umfasst.

einige Unterarten der Gelbscheitelamazone (*A. ochrocephala*), die Venezuela-Amazone (*A. amazonica*), die Mülleramazone (*A. farinosa*) und die Kawall-Amazone (*A. kawalli*). Der Vorteil hier sind verhältnismäßig geringe Schwankungen im Klima sowie die ganzjährige Verfügbarkeit von Nahrung, was allerdings nicht bedeutet, dass diese räumlich auch gleichmäßig verteilt ist. So kennt man aus den peruanischen Regenwaldgebieten deutliche jahreszeitliche Differenzen in der Populationsgröße, die offensichtlich auf die unterschiedliche Verfügbarkeit des Nahrungsangebotes zurückzuführen sind.

Die Kawall-Amazone (A. kawalli) ist ein typischer Bewohner der Weißflusssand-Regenwälder Brasiliens

Der Weißfluss-sand-Regenwald

zeigt aufgrund des kargen Bodens oft nur eine kleinwüchsige Vegetation.

Dass der tropische Regenwald keinesfalls so homogen ist, wie oft angenommen, zeigt das Beispiel der Kawall-Amazone. Sie scheint sich auf eine Sonderform des Regenwaldes spezialisiert zu haben, deren Bedeutung durch die Entdeckung neuer Vogelarten erst in den letzten Jahren deutlich geworden ist. Sie nutzt den „Weißflusssand-Regenwald", dessen Erde nicht wie üblich aus dem mineralarmen roten Lehmboden besteht, sondern der weißlichen Flusssand aufweist. Dieser Boden ist noch mineralstoffärmer als der rote Lehmboden, und dementsprechend entwickelte sich hier eine deutlich andere Vegetation. Da sie nur sehr örtlich auftritt, erklärt dies das „punktartige" Verbreitungsgebiet der Kawall-Amazone im Amazonasbecken.

Nebelwald

Dort, wo der Regenwald höhere Lagen erreicht, geht er fließend in den Nebelwald über. Seinen Namen hat er erhalten, weil sich hier regelmäßig Wolken festsetzen und abregnen. Spätestens ab Höhenlagen von 1.000 m ü. NN zeigt er bereits seine typischen Erscheinungsweisen: Zwar ist die Vegetation im Durchschnitt niedriger, besitzt aber eine große Pflanzenvielfalt, die örtlich

durchaus größer sein kann als die des Regenwaldes. Die Bäume sind vollbesetzt mit Epiphyten, die sich hier durch die regelmäßige Kondensation optimal entwickeln können.

Echte Nebelwälder kommen jedoch erst ab Höhenlagen von ca. 2000 m ü. M. vor. In Äquatornähe ziehen sie sich hoch bis in Lagen zwischen 3.000 und 3.500 m ü. NN., wo sie voll entwickelt als immergrüne Hochwälder erscheinen.

In den unteren Bereichen der Nebelwälder finden wir unter den Amazonenarten lediglich zwei Vertreter. Es sind dies die Goldmaskenamazone (*A. dufresniana*) und die Chapmans Mülleramazone (*A. farinosa chapmani*). Allerdings besucht letztere die Nebelwälder bis 1.500 m nur ausnahmsweise, und sie kommt unter 1.000 m wesentlich häufiger vor.

Die oberen Lagen werden nur noch von der Soldatenamazone (*A. mercenaria*) bewohnt, wobei diese keine ausschließliche Bewohnerin der Nebelwälder ist, sondern eine Mischung aus verschiedenen Vegetationstypen unterhalb der Baumgrenze benutzt.

Nebelwald

in den Anden Ekuadors

Atlantischer Küstenwald

an der Küste Brasiliens im Bundesstaat Alagoas.

Atlantischer Küstenwald

Bei den atlantischen Küstenwäldern handelt es sich um eine wenig bekannte Regenwaldregion, die sich in Brasilien zwischen 35° westlicher Länge und 5° südlicher Breite bis zu 57° westlicher Länge und 30° südlicher Breite erstreckt. Ihre Entstehung verdankt sie der hohen Luftfeuchte und den Niederschlägen, die die Westwinde aus dem Atlantischen Ozean bringen.

Im nördlichen Teil liegen die Niederschläge zwischen 1800 und 2000 mm, wobei die regenreichsten Monate von Mai bis August zu verzeichnen sind. Die Jahresdurchschnittstemperatur beträgt 23° bis 25°C. Hier finden wir neben der Venezuela-Amazone (*A. amazonica*) und der Mülleramazone (*A. f. farinosa*) insbesondere die Granada-Amazone (*A. rhodocorytha*).

Im südlichen Teil ist der Regenwald fast ausschließlich auf die Hänge beschränkt und zieht sich nicht so weit ins Landesinnere. Dafür gehören aber einige Abschnitte der Küste mit Niederschlägen bis zu 4.450 mm zu den regenreichsten Landschaften Brasiliens. Als endemische Art findet man hier die Rotschwanzamazone (*A. brasiliensis*), die wie die zuvor erwähnte Granada-Amazone stark unter dem Verschwinden der Wälder gelitten hat. Zum Teil nutzt auch die Taubenhals-Amazone (*A. vinacea*) dieses Habitat, sie ist aber nicht wie die Rotschwanzamazone so stark auf diesen Waldtyp spezialisiert. Heute sind die Atlantischen Küstenwälder auf weniger als 5 % ihrer ursprünglichen Größe geschrumpft, und so verwundert es nicht, dass beide heute zu den bedrohtesten Amazonen-Arten gehören.

Passat- und Monsunwald

Sowohl in Mittel- als auch in Südamerika finden wir Passat- und Monsunwälder, die im Gegensatz zum Regenwald aufgrund der starken Einflüsse durch Passatwinde und Monsune ein Jahreszeitklima aufweisen. Dieses ist aber weniger durch starke Temperaturschwankungen, sondern vor allem durch Trockenperioden geprägt. Dort, wo die Trockenzeit zwei bis fünf Monate lang anhält, sind die Wälder meist aus einer Mischung aus laubabwerfenden und immergrünen Bäumen zusammengesetzt. Allerdings haben Passatwälder und Monsunwälder eine große Variationsbreite und es gibt zahlreiche Übergangsformen sowohl zum Regenwald als auch zum Trockenwald.

Als Beispiel für einen feuchten Passatwald sei hier das Orinoco-Gebiet entlang des Rio Caura in Venezuela aufgeführt. Der Anteil der laubabwerfenden Baumarten liegt bei 20 Prozent, alle anderen sind immergrün. Allerdings werfen diese Bäume nur nach längeren Trockenzeiten die Blätter ab, in feuchten Jahren ist ein Laubwechsel hingegen kaum bemerkbar. Da der Unterschied zum Regenwald nicht so ausgeprägt ist, wundert es nicht, dass wir in diesem Gebiet mit der Gelbscheitelamazone (*A. ochrocephala*), der Venezuela-Amazone (*A. amazonica*) und der Müller-Amazone (*A. farinosa*) nahezu die gleichen Arten finden. Eine Amazone, nämlich die Bodinus-Amazone (*A. f. bodini*) scheint sich

Passatwald entlang des Río Caura, Venezuela

allerdings auf dieses Gebiet spezialisiert zu haben und kommt nur hier vor.

Anders sieht es hingegen in den pazifischen Monsunwäldern Mittelamerikas aus. Dort findet man laubwerfende Feucht- und Trockenwälder mit einer Trockenzeit zwischen 4 und 7 Monaten. Sie tragen während der Regenzeit Laub, das sie zur Trockenzeit abwerfen. Die Niederschlagsmenge beträgt zwischen 1.000 und 1.500 mm pro Jahr. Je mehr der Niederschlag abnimmt, desto deutlicher lichtet sich der Baumbestand und es bildet sich eine Übergangsformation zur Feuchtsavanne, in der Baumgruppen mit Grasfluren wechseln. Hier findet man einige der mittelamerikanischen Unterarten der Gelbscheitelamazone (*A. ochrocephala*) sowie die Weißstirnamazone (*A. albifrons*).

Entlang der Golfküste herrschen halbimmergrüne Regenwälder vor. Auch hier übersteigt die Trockenzeit zwar zwei bis drei Monate, es fallen aber trotzdem noch um die 1.500 mm Niederschlag im Jahr. Je länger die Trockenzeit dauert, umso mehr laubwerfende Bäume kommen hinzu. Allerdings verlieren oft nur die oberen Baumschichten ihr Laub, im unteren, beschatteten Bereich des Waldes findet man dann immergrüne Arten an. Diese Wälder sind vor allem auf der Halbinsel Yucatán im Anschluss an den immergrünen Regenwald sowie in weiten Bereichen der südpazifischen Küstenabdachung der Sierra Madre del Sur und in Chiapas anzutreffen. Bewohnt werden sie von einer ganzen Reihe von Amazonen. Neben der Gelbwangen- (*A. autumnalis*), der Grünwangen- (*A. viridigenalis*), der Guatemala- (*A. farinosa guatemalae*) und der Weißstirn- (*A. albifrons*) findet man hier auch die Goldzügelamazone (*A. xantholora*).

Vegetation in der Karibik

Dominica

ist im Inselinnern von immergrünem Regenwald bedeckt

Auf den Inseln der Karibik finden wir auf den großen Antillen die Jamaika- (*A. collaria*), Kuba- (*A. leucocephala*), Blaukronen- (*A. ventralis*), Rotspiegel- (*A. agilis*) und Puerto-Rico-Amazone (*A. vittata*) sowie auf den Kleinen Antilleninseln die Blaumasken- (*A. versicolor*), Blaukopf- (*A. arausiaca*), Kaiser- (*A. imperialis*) und Königsamazone (*A. guildingii*). So unterschiedlich wie diese Arten ist aber auch die Vegetation. Neben dem oben beschriebenen Passatwald hat sich insbesondere auf Dominica der immergrüne Regenwald entwickeln können, der in den unteren Lagen von der Blaukopfamazone bewohnt wird. Die oberen Lagen und der sich zum Teil sogar anschließende Bergnebelwald werden hingegen von der Kaiseramazone besetzt. Auf Kuba existieren hingegen ausgedehnte Pinienwälder, in denen vor allem die Kuba-Amazone zu finden ist, die daneben aber auch in Savannen und Mangroven vorkommt.

Araukarien-Wälder

in Südost-Brasilien sind der Lebensraum der Prachtamazone.

Sommergrüne Wälder

Im Süden des Subkontinentes findet man die Sommergrünen Wälder. Ihre Bandbreite reicht von der trockenen immergrünen Zone der Hartlaubgehölze bis zum immergrünen Regenwald. Das Klima ist gekennzeichnet durch Jahresmittelwerte von etwa 12 °C und Niederschlägen zwischen 1.000 bis 2.000 mm, die in den Ausläufern der Anden auf 3.000 mm steigen können. Die Wälder setzen sich aus laubabwerfende *Nothofagus*-Arten sowie eichen-, erlen- und buchenartigen Bäumen zusammen. Ab etwa 600 m bis in 1.600 m Höhe treten Araukarienwälder auf, deren Bäume 30 bis 35 m hoch werden können. In Argentinien und Süd-Bolivien hat sich die Tucumán-Amazone (*A. tucumana*) in den Andengebieten ab 1.000 m Höhe auf diese *Nothofagus*-Wälder spezialisiert. Einen ähnlichen Weg ist die Prachtamazone (*A. pretrei*) in Südost-Brasilien und den sich anschließenden Gebieten gegangen: Sie bewohnt hier die Araukarienwälder, die sie sich in vielen Gegenden allerdings mit der Taubenhals-Amazone (*A. vinacea*) teilen muss.

Trockenwälder

Die trockenen tropischen Wälder entstehen dort, wo ausgedehnte Trockenzeiten eine konstante Wasserversorgung der Vegetation verhindern. In Paraguay und Teilen Boliviens sind dies z.B. der Gran Chaco, und in noch ausgeprägterer Form als Dornwald findet man in Venezuela die Espinar- und in Brasilien die Caatinga-Landschaften. Während die vorherrschende Baumart des Gran Chaco der Quebracho (*Schinopsis lorentzii*) ist, dominiert in den Dornwäldern vor allem die Schirmakazie. Insgesamt ist die Vegetation arten-

Die Gelbschulteramazone ist ein Bewohner der venezolanischen Trockenwälder

arm und gleichförmig und die meisten Bäume bilden einen flachen Kronenschirm, der selbst während der Zeit der reichlichen Sommerregen nur schütter bleibt und genügend Licht für die tieferen Vegetationsschichten durchlässt. Die häufigste Amazone des Gran Chaco ist die Blaustirnamazone (*A. aestiva*), obwohl man sie in kleinen Stückzahlen auch noch in der Caatinga antrifft. Deren typischer Vertreter ist schon eher die Gelbbauchamazone (*A. xanthops*).

In den trockenen Gebieten entlang der Küste Venezuelas bewohnt die Gelbschulteramazone (*A. barbadensis*) die Dornwälder. Sie hat ihr Verbreitungsgebiet auf die vorgelagerten „Inseln unter dem Wind" von Aruba bis Margarita ausgedehnt, wo eine ähnliche Vegetation zu finden ist.

Savannen

Sowohl die bereits erwähnte Blaustirnamazone als auch die Gelbbauchamazone nutzen die verschiedenen Savannenlandschaften Südamerikas. Sie sind sowohl im Pantanal als auch in den Cerrados zu finden. Das Pantanal ist das weltgrößte Feuchtgebiet. Er hat eine Fläche von etwa 150.000 km² und erstreckt sich über das obere Paraguay-Fluss-Becken in den brasilianischen Staaten Mato Grosso und Mato Grosso do Sul. Zwar beträgt die jährliche Niederschlagsmenge lediglich zwischen 1.000 mm und 1.400 mm, aber das Nord-Süd-Gefälle macht hier gerade einmal 2 cm pro Kilometer aus, was zur Folge hat, dass das komplexe Flusssystem des Pantanals das Wasser nicht abtransportieren kann.

Bei den „Campos cerrados" in Brasilien handelt es sich um von Gras und Strauchwerk bewachsene Savannen-Gebiete, in denen bis zu acht Meter hohe, hartblättrige Bäume wachsen. In vielen Teilen ist das Wasserspeichervermögen der Böden jedoch stark reduziert, so dass der Standort für Bäume und Gebüsche zu trocken wird. Oft sind die uralten Böden ausgelaugt und sehr nährstoffarm, die Cerrados sind dann keine klimabedingten Ökosysteme, sondern regelrechte Hungerökosysteme.

Das Pantanal

ist das größte Feuchtgebiet der Welt.

Die Venezuela-Amazone

hat den größten Freilandbestand innerhalb der Gattung.

Freilandbestände

Schaut man sich einmal die Freilandbestände der Amazonen an, so fällt auf, dass die Arten in ihren derzeitigen Bestandsgrößen stark variieren. Neben einigen noch häufigen und weitverbreiteten Arten gibt es Vertreter wie die Puerto-Rico-Amazone (*A. vittata*), deren Lebensraum auf etwa 28 km^2 geschrumpft ist.

Die häufigste Art ist zweifellos die Venezuela-Amazone (*A. amazonica*). Ihr Verbreitungsgebiet schätzt man auf 7,4 Millionen Quadratkilometer. In vielen Gebieten ist sie ausgesprochen zahlreich und so dürften die Bestände wohl noch an die zehn Millionen Vögel umfassen.

Ähnlich gesichert sind die Bestände der Gelbscheitelamazone (*A. ochrocephala*), die über 6,7 Quadratkilometer bewohnt und wie die Venezuela-Amazone den Vorteil hat, die verschiedenen Habitate nutzen zu können. Freilich gilt diese Aussage nur für die südamerikanischen Populationen. In Mittelamerika gelten die meisten Bestände als gefährdet. So haben die Unterarten *auropalliata* und *parvipes* zwar mit einem Verbreitungsgebiet von rund 90.000 Quadratkilometern noch gesicherte Bestände und gelten als häufig, doch beträgt das gesamte Verbreitungsgebiet der restlichen Unterarten *caribaea*, *belizensis*, *hondurensis*, *magna*, *oratrix* und *tresmariae* zusammen gerade einmal 45.000 Quadratkilometer mit einer Gesamtpopulation von rund 7.000 Vögeln.

Rang drei nimmt die bekannte Blaustirnamazone (*A. aestiva*) mit einem effektiven Verbreitungsgebiet von etwa 4,2 Millionen Quadratkilometern ein. Sie zählt zwar noch als häufig, aber insbesondere in Argentinien, Paraguay und Bolivien ist sie vielerorts in derart großen Stückzahlen für den Export gefangen worden, dass sie z. B. in der argentinischen Provinz Salta nur noch vereinzelt anzutreffen ist.

Mit 7,2 Millionen Quadratkilometern Verbreitungsgebiet steht die Mülleramazone (*A. farinosa*) der Venezuela-Amazone eigentlich kaum nach, allerdings ist ihre Populationsdichte von Natur aus deutlich niedriger. Sie dürfte deshalb trotz ihrer weiten Verbreitung „nur“ auf Platz vier unter den Amazonenbeständen kommen.

Schwer einzuschätzen sind die Freilandpopulationen der Gelbbauchamazone (*A. xanthops*). Ihr

Vorkommen umfasst immerhin zwischen 2,5 und 3,5 Millionen Quadratkilometer, doch ist ihre Bestandsdichte äußerst gering. Wissenschaftler und Naturschützer haben sich deswegen noch nicht auf das Wagnis eingelassen, ihre Populationsgröße bestimmen zu wollen.

Dies gilt ebenso für die Blaubart-Amazone (*A. festiva*), deren effektives Verbreitungsgebiet immerhin noch 860.000 km² beträgt, sowie für die Gelbwangenamazone (*A. autumnalis*), die ein Gebiet von rund 800.000 km² bewohnt. Beide gelten noch als relativ häufig vorkommende Vertreter der Gattung.

Dies gilt nun sicher nicht für die erst seit 1989 bekannte Kawall-Amazone (*A. kawalli*). Sie ist auch im Freiland sehr selten, und man ist immer noch dabei, ihr offensichtlich „inselartiges" Vorkommen innerhalb des Amazonasbeckens abzustecken. Vorsichtige Schätzungen gehen aber davon aus, dass diese Amazone immerhin 720.000 km² bewohnt.

Eine häufige Art in Mittelamerika ist zweifelsohne die kleine Weißstirnamazone (*A. albifrons*). Sie bewohnt eine Fläche von etwa 550.000 km². Hochrechnungen, wie viele Vögel in diesem Gebiet aber tatsächlich leben, existieren jedoch nicht.

Einen ähnlichen Mittelplatz nimmt die Soldatenamazone (*A. mercenaria*) ein, deren gebirgiger Lebensraum rund 430.000 km² umfasst. Jahrzehntelang galt sie als selten. Das lag aber eher daran, dass kaum jemand die Gebirgsregionen der Anden besucht hat. Dort ist sie aber regelmäßig zu sehen, und ihre Bestände gelten heute meist als gesichert.

Auch die Goldzügelamazone (*A. xantholora*) ist noch relativ häufig anzutreffen. Ihre Population auf der mexikanischen Yucatán-Halbinsel wird allerdings durch deren Ausdehnung auf natürliche Weise auf 130.000 km² beschränkt.

Die Weißstirnamazone

zählt noch zu den häufigeren Arten in Mittelamerika.

Auch nicht sonderlich groß ist das effektive Verbreitungsgebiet der Blaukappenamazone (*A. finschi*). Es beläuft sich auf 190.000 km². Die Amazone ist zwar nicht mehr allzu häufig anzutreffen und ihre Bestände nehmen ab, aber in vielen Gebieten ist sie noch regelmäßig zu sehen.

Das gilt schon nicht mehr für die Goldmaskenamazone (*A. dufresniana*). Sie hatte vermutlich schon von jeher eine äußerst geringe Bestandsdichte. Hinzu kommt noch, dass man sich über ihre tatsächliche Verbreitung nicht so recht im Klaren ist. Während sie aber – wie alle zuvor angeführten Vertreter der Gattung – noch nicht als gefährdete Art eingestuft wird, gilt diese Aussage für alle folgenden Amazonen. Erschreckenderweise sind dies 16 der 29 noch existierenden Arten, sieht man einmal von den zwei, möglicherweise drei Gattungsvertretern ab, die bereits ausgerottet wurden.

Allen gemeinsam ist, dass ihre Bestände durch menschlichen Einfluss meist radikal dezimiert worden sind. In der Regel wurden sie durch Abschuss oder Fang dezimiert, hinzu kam immer

Die Rotschwanzamazone

kommt im Freiland nur noch in geringen Stückzahlen vor.

noch eine massive Vernichtung des Lebensraumes, so dass die meisten Arten heute auf wenige Gebiete zurückgedrängt worden sind.

Dies gilt in Venezuela für die Gelbschulteramazone (*A. barbadensis*), die ehemals ein großes Verbreitungsgebiet hatte, deren Stückzahlen heute aber nur noch auf 2.500 bis 10.000 Exemplare geschätzt werden, denen ein Gebiet von 10.400 km^2 Größe geblieben ist. Mit der selben Fläche muss auch die Prachtamazone (*A. pretrei*) auskommen, von der es nach jüngsten Zählungen noch 16.300 Vögel gibt. Ähnlich geschrumpft sein dürfte auch der verfügbare Lebensraum für die Tucumán-Amazone (*A. tucumana*). Es gibt heute noch rund 10.000 Vögel. Wie drastisch bei ihr der Bestandsrückgang war, wird deutlich, wenn man sich die argentinischen Exportzahlen der 1980er Jahre für diese Art anschaut: Nicht weniger als 20.000 Vögel wurden damals noch nach Europa und in die USA ausgeführt.

Die Vertreter aus den atlantischen Küstenwäldern Brasiliens wurden zwar auch gefangen, doch meist nur in kleinen Stückzahlen. Das lag aber weniger an der Barmherzigkeit der Fänger, sondern an der Seltenheit der Vögel, die wiederum durch das drastische Abholzen der Wälder verursacht worden war. So verwundert es nicht, dass heute die Bestände der Rotschwanzamazone (*A. brasiliensis*) gerade noch bei 4.000 bis 5.500 Vögeln liegen. Das Verbreitungsgebiet hat lediglich noch die Fläche von 4.760 km^2.

Noch schlechter geht es der Granada-Amazone (*A. rhodocorytha*): Ihre Population besteht nur noch aus etwa 850 Vögeln, die rund 2,680 km^2 bewohnen. Die Bestände der Taubenhals-Amazone (*A. vinacea*) liegen zwar nur noch zwischen 2.500 und 10.000 Exemplaren, doch lassen jüngste Untersuchungen vermuten, dass das heutige Verbreitungsgebiet mit 106.000 km^2 deutlich größer ist als noch vor Jahren angenommen.

Neben den bereits zuvor erwähnten Unterarten der Gelbscheitelamazone gibt die Grünwangenamazone (*A. viridigenalis*) in Mittelamerika Anlass zur Besorgnis. Ihre Populationsgröße liegt nur noch zwischen 3.000 und 6.500 Vögeln, die mit einem Gebiet von 7.900 km^2 Fläche auskommen müssen.

Besonders hart getroffen hat es die Amazonen der Karibik. Sie gelten ausnahmslos als gefährdet. Das liegt auch an der geringen Größe ihrer Heimatinseln, bei der jeder Eingriff in den Lebensraum oder in die Bestände sofort bemerkbare Auswirkungen zeigt. Bereits vor dem Eintreffen der ersten Europäer wurden die Amazonenpopulationen durch die ansässigen Indianer offensichtlich dezimiert, wie die Beispiele der ausgerotteten Guadeloupe- (*A. violacea*) und der Martinique-Amazone (*A. martinicana*) zeigen. Mit der Inbesitznahme der Inseln durch die Europäer aber wurde der ursprüngliche Lebensraum der Amazonen erst im großen Stil umgewandelt und vernichtet.

Von allen Karibik-Arten geht es den Amazonen auf Jamaika und Haiti noch am besten. Von der Jamaika- (*A. collaria*) und der Rotspiegelamazone (*A. agilis*) auf Jamaika existieren jeweils noch rund 20.000 Tiere, deren Verbreitungsgebiet 5.400 km² bzw. 2.600 km² ausmacht, ebenso von der Blaukronenamazone (*A. ventralis*) auf Hispaniola. Diese bewohnt immerhin noch eine Fläche von 14,300 km².

Schlechter steht es da schon um die Kuba-Amazone (*A. leucocephala*). Ihre Population auf der Hauptinsel selbst beträgt lediglich noch rund 10.000 Vögel, und auf der unter Naturschutz gestellten vorgelagerten Isla de la Juventud leben noch etwa 1.400 Tiere. Zusammen mit den kleinen Populationen der verschiedenen Unterarten auf den Bahamas und den Cayman-Inseln kommt die Art so auf einen Gesamtbestand von rund 14.000 Vögeln.

Auf St. Vincent müssen die verbliebenen 800 Königsamazonen (*A. guildingii*) hingegen gerade einmal mit 44 km² Waldfläche auskommen, auf St. Lucia die rund 400 Blaumaskenamazonen (*A. versicolor*) mit 140 km².

Nicht viel besser haben es die Amazonen auf Dominica: Von der Blaukopfamazone (*A. arausiaca*) haben noch zwischen 750 und 800 Vögel in den 75 km² großen Tieflandwäldern überlebt, von der Kaiseramazone (*A. imperialis*) existieren in den oberen Lagen in einer Waldfläche von 52 km² gerade einmal 150 Vögel.

Den traurigen letzten Platz nimmt die Puerto-Rico-Amazone (*A. vittata*) ein. Von ihr gibt es im Freiland gerade noch zwischen 29 und 44 Exemplare, die im Rahmen eines kostspieligen Schutzprogramms jährlich gezählt werden. Das aber ist selbst auf einem kleinen Restverbreitungsgebiet von 160 km² kein leichtes Unterfangen, und so verwundert es nicht, dass die Zahlen von Jahr zu Jahr etwas schwanken. Immerhin gibt es im Rahmen dieser Schutzmaßnahmen ein erfolgreiches Zuchtprogramm, in das zurzeit rund 160 Tiere eingeschlossen sind, die später einmal die Freilandbestände auffüllen sollen.

Kuba-Amazonen

auf der Isla de la Juventud.

Eine Gruppe Taubenhals-Amazonen

erreicht ihren Rufbaum.

Rufperiode

In der Regel erwachen die Amazonen kurz vor Sonnenaufgang, je nach Gegend zwischen 6 Uhr und 7 Uhr. Wie schnell sie dann aktiv werden, hängt tatsächlich vom Wetter ab. An nebligen oder nasskalten Morgen mit Nieselregen, wie sie im Amazonasbecken oft vorherrschen, bleiben sie einfach etwas länger sitzen. Ist aber klarer Himmel, kommt schnell Bewegung in die verschiedenen Paare: Sie strecken Flügel und Läufe, reiben den Schnabel kurz am Sitzast, laufen diesen eine kurze Strecke entlang oder putzen sich etwas im Gefieder. Die ersten, mehr zufälligen Laute sind zu hören, bis schließlich eines der Paare kurz auffliegt, meist nur eine kurze Strecke zu einem nahegelegenen Ast. Gelegentlich ist auch zu sehen, dass eine kurze Runde geflogen wird, aber noch verlassen die Paare nicht die nähere Umgebung des Schlafplatzes.

Rund 10 bis 15 Minuten nach Sonnenaufgang sind dann die ersten typischen Schreie der Amazonen zu vernehmen, die oft an das Bellen eines kleinen Hundes erinnern. Sie läuten die morgendliche Rufphase ein, die nicht nur bei Vertretern der Gattung *Amazona* zu beobachten ist, bei dieser aber besonders auffällt. Von Untersuchungen an der Puerto-Rico-Amazone (*A. vittata*) weiß man, dass diese Periode, in der die Vögel intensiv rufen und regelmäßig über eine kurze Distanz hin den Sitzplatz wechseln, nur wenige Minuten anhält, aber bis zu zweieinhalb Stunden ausgedehnt werden kann. Im Schnitt dauert sie aber immerhin 47 Minuten. Das ist die Zeit, in der Amazonen im Freiland besonders einfach zu finden und beobachten sind. Oft sitzen die Vögel in den Kronen großer Bäume, wobei fast immer die höchsten, vertikal ausgerichteten und meist kahlen Äste bevorzugt werden. Das erlaubt den Vögeln eine Rundumsicht. Ihre Stimme ist weithin zu hören, je nach Art und Standort der Bäume bis zu zwei Kilometer weit.

Oft haben die Vögel auch regelrechte Rufplätze. Von der Taubenhals-Amazone (*A. vinacea*) weiß man, dass sie in manchen Gegenden nahezu jeden Morgen pünktlich die Waldgebiete verlässt und gegen 7.30 Uhr einen alleinstehenden Rufbaum anfliegt, von dem aus die Vögel dann rund eine halbe Stunde zu hören sind.

Die Dauer dieser Rufperiode hängt mit Sicherheit auch mit dem Flug zu den Nahrungsplätzen zusammen. Dieser ist bei den zuvor schon angeführten Puerto-Rico-Amazonen besonders kurz und macht meist nur wenige hundert Meter aus. Andere Arten haben hingegen deutlich längere Strecken zurückzulegen. Aus Panama lassen die Beobachtungen an Panama-Amazonen (*A. o. panamensis*) darauf schließen, dass diese wenigstens 10 km und mehr zu fliegen haben, in Ekuador trifft dies auch für die Ekuadoramazone (*A. a. lilacina*) zu. Man kann davon ausgehen, dass diese beiden Amazonen gar nicht die Zeit haben, sich allzu lange mit dem Rufen aufzuhalten. Ähnliches ist aus dem peruanischen Amazonasgebiet zu beobachten: Dort kommen die Chapmans Müller- (*A. f. chapmani*) und die Natterer-Amazonen (*A. o. nattereri*) schon kurz nach Sonnenaufgang an den Collpas, spätestens aber kurz nach 7 Uhr, an. Auch bei ihnen kann die Rufperiode nicht allzu lang sein.

Die Rufperiode erfüllt offenbar zwei Funktionen: Zum einen wird sehr intensiv die Gegend beobachtet, wobei wohl in erster Linie Ausschau nach potentiellen Gefahrenquellen gehalten wird. Zum zweiten kommunizieren die Vögel durch das Rufen aber auch miteinander. Es wurde festgestellt, dass regelmäßig mehrere Amazonenpaare an diesen Rufaktivitäten beteiligt sind und dabei jeweils genau registrieren, was ein anderes Paar von sich gibt. Dieses nun als morgendliche Unterhaltung zu interpretieren, ist sicher übertrieben, denkbar ist hingegen, dass es der Paar- und Gruppenbindung dient.

rechts: ein Paar Venezuela-Amazonen während der morgendlichen Rufperiode

Goldzügelamazonen

fliegen wie ihre meisten Artgenossen mit flachen Flügelschlägen.

Flug zu den Nahrungsplätzen

Wie bereits erwähnt, folgt auf die Rufphase üblicherweise der Flug zu den Nahrungsplätzen. Bei den meisten Amazonen dürfte er in die Zeit von 6.30 Uhr bis 7.30 Uhr erfolgen. Je nachdem, wie lange solche Plätze Nahrung bereitstellen, bilden sich bei den Papageien regelrechte Routen heraus. Interessanterweise sind die Flugschneisen zu den Futtergebieten oft nicht identisch mit den Rückflügen zu den Schlafbäumen.

Die Flughöhe hängt in der Regel mit der Fluglänge zusammen. Bei den meisten Karibikamazonen, die nur noch wenig Habitat und damit räumlich stark begrenzte Nahrungsplätze zur Verfügung haben, beträgt die durchschnittliche Höhe 50 m. Ihre maximale Flugstrecke liegt aber auch unter 10 km, oft sind es sogar nur wenige hundert Meter. Andere Amazonen hingegen, die wie die Goldzügelamazone (*A. xantholora*) erst einmal von einigen vorgelagerten Inseln 15 km über das offene Meer überbrücken müssen und insgesamt wohl 30 und mehr Kilometer zurücklegen, bis sie potentiellen Nahrungsstellen erreichen, fliegen oft in beträchtlicher Höhe. Genaue Daten existieren nicht, aber Flughöhen von 500 m und mehr sind keine Seltenheit.

Solche Höhen werden nur langsam erreicht, wie die Beobachtungen an den großen Schwärmen Venezuela-Amazonen zeigen. Die teilen sich frühmorgens in unzählige Kleingruppen auf und fliegen in verschiedene Richtungen davon. Je weiter man solche Gruppen vom Schlafplatz entfernt sieht, desto größer ist ihre erreichte Flughöhe.

Der Flug selbst ist charakteristisch: Er besteht aus flachen Schlägen, die knapp unterhalb der Körperachse ausgeführt werden und – abgesehen von der Landephase – bei fast allen Arten nie bis über den Rücken angehoben werden. Die ausgebreiteten Schwingen sind dabei gewölbt, was den Eindruck hinterlässt, als versuchten die Vögel den Kopf unbedingt so hoch wie möglich zu halten. Pro Sekunde werden fast 10 Schläge ausgeführt, womit die meisten Amazonen lediglich eine Geschwindigkeit von knapp 30 km/h erreichen. Zu den etwas eleganteren Fliegern zählt die Venezuela-Amazone (*A. amazonica*), deren Schläge etwas tiefer ausgeführt werden, und etwas schneller als der Durchschnitt sind die Tucumán- (*A. tucumana*) und die Prachtamazone (*A. pretrei*). Aber auch sie kommen bei weitem nicht an den vom Körperbau und von der Größe durchaus vergleichbaren australischen Rosakakadu (*Eolophus roseicapilla*) heran, der üblicherweise eine Geschwindigkeit von 60 km/h erreicht, bei dem aber auch schon 70 km/h gemessen wurden.

Tatsächlich wirkt der Amazonenflug auf den Beobachter insgesamt recht mühsam und langsam und erinnert etwas an den von Enten. Das liegt natürlich auch daran, dass die meisten Amazonen einen kompakten Körper haben, der durch den kurzen Schwanz noch betont wird.

Etwas eleganter wirkt der Flug beim Landen auf einem Baum oder in einem Busch. Die meisten Arten strecken dabei die Läufe nach vorne und die Flügel werden hoch über den Kopf aufgerichtet. Blaustirnamazonen (*A. aestiva*) gleiten oft mit

Venezuela-Amazonen-Paare fliegen nie weiter als drei Meter voneinander entfernt.

ausgebreiteten Flügeln in Richtung des Sitzplatzes, wobei sie meist noch eine elegante Kurve einschlagen.

Zu den Flugkünstlern unter den Amazonen aber zählen die Soldatenamazonen (*A. mercenaria*). Sie genießen es regelrecht, nach der langen und kalten Nacht die Flügel benutzen zu können. Wenn sie von den Schlafbäumen auffliegen, kreisen sie meist erst, wobei sie die Thermik ihrer gebirgigen Heimat ausnutzen. Zwischendurch segeln sie wieder, und oft ist ihr Flug leicht wellenförmig. Mit etwas Glück kann man sogar beobachten, wie sie sich plötzlich im Sturzflug mit ausgebreiteten Flügeln strudelnd ins Tal fallen lassen, sich dann aber nach 100 m elegant abfangen und geradeaus weiterfliegen.

Noch eines fällt bei allen Amazonen auf: Innerhalb des Schwarmes fliegen die verpaarten Tiere immer eng zusammen. Untersuchungen an der Puerto-Rico-Amazone (*A. vittata*) haben gezeigt, dass stets ein Mindestabstand von drei Metern eingehalten wird, unabhängig wie groß der Gesamtschwarm ist oder welche Flugmanöver gerade durchgeführt werden.

Ein Schwarm Soldatenamazonen in großer Höhe auf dem Weg zu den Nahrungsplätzen.

Eine Grünwangenamazonen

hat sich zum Fressen in einem Baum niedergelassen.

Aktivitäten an den Nahrungsplätzen

Der Begriff Nahrungsplätze umfasst bei den Amazonen in der Regel Gebiete, die meist deutlich getrennt von den Schlafplätzen liegen und die von den meisten Arten regelmäßig genutzt werden. Bei einigen Amazonen muss man zusätzlich noch zwischen den Stellen unterscheiden, an denen sie regelmäßig fressen und jenen, an denen sie mineralhaltige Erde aufnehmen.

Allen Amazonen ist gemeinsam, dass sie zwei Phasen der Nahrungsaufnahme haben. Die erste fällt in die Zeit von 6 Uhr bis 12 Uhr, wobei eine absolute Spitze in der Zeit von 7 Uhr bis 9 Uhr liegt. Vor 7 Uhr finden sich vor allem bei den Arten, die nur kurze Anflugwege haben, bereits FressaktivitätenDie Aktivitäten nach 9 Uhr sinken in ihrer Intensität rapide ab und können spätestens ab 11 Uhr vernachlässigt werden.

Ein zweiter Höhepunkt bei den Fressaktivitäten fällt in die späten Nachmittagsstunden von 16 bis 19 Uhr, wobei hier die Spitze eindeutig zwischen 17 Uhr und 18 Uhr liegt. Sie ist aber nicht so ausgeprägt wie die der Morgenstunden. Je nach geographischer Lage verschiebt sich die Zeit etwas. So liegen die Hauptzeit der Nahrungsaufnahme bei der Bahama-Amazone (*A. leucocephala bahamensis*) auf der Insel Abaco zwischen 6 Uhr und 8 Uhr sowie zwischen 18 Uhr und 20 Uhr, was einfach damit zusammenhängt, dass es in Höhe des 26. Grad nördlicher Breite später dunkler wird als auf dem südamerikanischen Festland. Auch die Intensität der Nahrungsaufnahme am späten Nachmittag scheint zwischen den einzelnen Arten unterschiedlich zu sein. Während Puerto-Rico-Amazonen (*A. vittata*) jetzt noch sehr intensiv fressen, reduziert sich die Futteraufnahme zu dieser Zeit bei den Natterer- (*A. o. nattereri*) und den Chapmans Mülleramazonen (*A. f. chapmani*) auf einen kleinen „Abendsnack".

Halten sich die Vögel in einem Gebiet mit besonders attraktivem Nahrungsangebot auf, scheinen auch sie nicht genug davon abbekommen zu können und ähneln dann in ihrem Verhalten dem vieler Menschen. Als Beispiel mögen die reifen Mangobäume in vielen Teilen Südamerikas herhalten: Sobald die Früchte hier reif sind, findet man praktisch ganztägig Papageien bei ihnen. In Venezuela gilt das insbesondere für die Gelbscheitel- (*A. ochrocephala*) und die Venezuela-Amazone (*A. amazonica*).

Ansonsten aber legen die Amazonen zwischen 12 Uhr und 15 Uhr eine deutliche Ruhephase ein. Bei der Puerto-Rico-Amazone hat sich im Laufe einer Langzeituntersuchung ergeben, dass zwischen 13 Uhr und 14 Uhr sowie erneut zwischen 15 Uhr und 16 Uhr praktisch keinerlei Aktivitäten zu vermerken waren. Wie nahezu alle Papageien sitzen die Amazonen in dieser Zeit vor Sonne oder auch Regen geschützt in einem meist dicht beblätterten Baum und schlafen oder dösen. Sie sind jetzt durch ihr Gefieder so gut getarnt, dass sie nahezu unsichtbar werden. Den Wissenschaftlern des Puerto-Rico-Amazonen-Projektes gelangen in einem Zeitraum von 13 Monaten Feldarbeit gerade einmal sechs Sichtmeldungen während der Mittagsstunden und dies, obwohl die ungefähren Stellen bekannt waren, an denen sich die Amazonen jeweils gerade aufhielten.

Zur ausgezeichneten Tarnung - die insbesondere auch für die roten, blauen oder gelben Gefiederpartien gilt, sobald die Vögel im Blattwerk eines Baumes sitzen - kommt hinzu, dass sich die Amazonen während der Mittagszeit absolut leise verhalten. Sie haben jetzt auch eine deutlich geringere Fluchtdistanz und lassen sich nicht so leicht aufschrecken wie in der Zeit der Nahrungsaufnahme. Wenn sie wirklich davonfliegen, dann leise.

Blick auf die Collpa am Río Tambopata

– die Amazonen besuchen die Collpa, um von der mineralhaltigen Erde zu fressen.

Collpas

Leise sind sie allerdings auch während der eigentlichen Nahrungsaufnahme. Die beginnt bei einigen Arten mit dem Besuch einer der Lehmwände, den sogenannten Collpas, die man entlang von Flüssen findet. Die Papageien kommen hierher, um von der Erde zu fressen. Warum sie dies machen, ist immer noch nicht abschließend geklärt, auch wenn sich allgemein die Theorie durchgesetzt hat, dass mit der mineralstoffhaltigen Erde die toxischen Bestandteile eines Teils der Nahrungsfrüchte neutralisiert werden.

Tatsächlich spricht einiges dafür, dass diese Theorie stimmt. So hat sich z. B. herausgestellt, dass die beiden bekanntesten peruanischen Collpas entlang des Río Manú und Río Tambopata von unterschiedlichen Papageien besucht werden. So ist die Chapmans Mülleramazone (*A. f. chapmani*) einer der häufigsten Besucher an der Tambopata-Lehmwand, während die Natterer-Amazone (*A. o. nattereri*) praktisch gar nicht oder nur in Form von Einzelvögeln auftaucht. Die ist dafür im Manu-Wildlife-Center gut vertreten, während in beiden die Venezuela-Amazone (*A. amazonica*) noch nie gesehen wurde.

Chapmans Mülleramazonen

suchen sich offensichtlich nur Stellen in der Wand, deren Mineralzusammensetzung ihren Nahrungsbedürfnissen entspricht.

Eine Gruppe Chapmans Mülleramazonen

wartet darauf, in die Wand einfliegen zu können (rechts); dort herrscht dann großes Gerangel um die besten Plätze (oben).

Regelmäßig ist die Zahl der Amazonen, die die Lehmwände besuchen, im Mai und Juni am niedrigsten, während sie dann wieder ansteigt und im August und September ihren Höhepunkt erreicht. Dies weist darauf hin, dass der Besuch der Collpas im Zusammenhang mit der Aufnahme bestimmter Futterpflanzen steht. Welche dies aber sind, liegt noch im Dunkeln.

Während die spektakulären Bilder der großen Collpas allgemein bekannt sind, wissen nur wenige, dass zwischenzeitlich rund 120 weitere Lehmwände in Ekuador, Peru, Brasilien und Bolivien gefunden wurden, die von Papageien genutzt werden. Die meisten von ihnen sind allerdings nicht sonderlich spektakulär. Viele werden auch nur von bestimmten Papageienarten besucht. So weiß man aus dem südlichen Mato-Grosso-Gebiet, dass die kleineren Papageienar-

Das obere Bild zeigt eine Natterer-Amazone, rechts sind Chapmans Mülleramazonen in Gemeinschaft mit Hellroten (Ara macao), Gelbbrust- (Ara ararauna) und Rotbugaras (Ara severus) zu sehen.

ten wie der Madeira-Blaustirn-Rotschwanzsittich (*Pyrrhura snethlageae*), der Rotbauchsittich (*Pyrrhura perlata*) und der Goldwangenpapagei (*Pionopsitta barrabandi*) nur Barreiros – so werden die Stellen genannt, wo mineralhaltigen Erde offen zutage tritt – besucht, die versteckt im Wald liegen. Die Natterer-Amazonen teilen sich hingegen mit den Schwarzohrpapageien (*Pionus menstruus*) einen Platz am Rio Aripuaná. Der wird von den Amazonen auch gleich als Badeplatz genutzt, was ansonsten äußerst selten vorzukommen scheint. Letzteres liegt daran, dass Amazonen nie auf den Boden fliegen. Das Fressen an den lehmhaltigen Flussufern ist hier die große Ausnahme.

Dementsprechend vorsichtig sind die Amazonen auch, wenn sie die Collpas anfliegen. Das geschieht nie direkt, sondern immer kommen erst einzelne Gruppen an, die sich zu den bereits auf den umliegenden Bäumen wartenden Artgenossen gesellen. Erst, wenn die Zahl groß genug ist und sich der Schwarm sicher fühlt, wagen sich die ersten Mutigen an die Wand. Nachdem dann rasch die anderen gefolgt sind, dauert es meist nur wenige Minuten, bis die Vögel wieder davonfliegen, wobei sich der Schwarm erneut in Kleingruppen auflöst.

Zwischenzeitlich stellt sich immer deutlicher heraus, dass sich überraschend viele Papageien durch Geophagie, also dem Essen von Erde, offensichtlich Nahrungsquellen erschließen, die sie ansonsten nicht nutzen könnten. Tatsächlich sind unter den Amazonen aber lediglich die zwei bereits genannten Arten für dieses Fressverhalten bekannt. Es ist aber zu erwarten, dass diese Liste in Zukunft erweitert werden muss.

Blaubartamazonen

sind durch ihr Gefieder ideal getarnt und auch bei der Nahrungsaufnahme nur schwer in den Bäumen zu entdecken; bevor sie mit dem Fressen beginnen, überprüfen sie erst einmal die Umgebung.

Nahrungsplätze

Nachdem die zuvor beschriebenen Amazonen die Collpas verlassen haben, fliegen sie zu den Nahrungsplätzen. Alle anderen Arten begeben sich wohl direkt von den Schlafplätzen dorthin. Als Nahrungsplätze kommen verschiedene Orte infrage. Dies können geeignete Nahrung tragende Bäume, Palmen oder Büsche sein, die inmitten von Wäldern oder einzeln in offeneren Gebieten wachsen, genauso gut findet man aber auch Nahrungsplätze in der näheren Umgebung von Dörfern und Städten. Viele Amazonen sind als Ernteschädlinge bekannt und besuchen Anbaugebiete und Plantagen. Oft sind die Nahrungsplätze der Vormittagsstunden nicht identisch mit denen der Nachmittagsstunden, was insbesondere für den Besuch von Kulturflächen gilt.

Einmal ausgewählte Nahrungsplätze werden von den meisten Arten solange genutzt, bis sie leer gefressen worden sind. Oft sammeln sich mehrere Kleingruppen an diesen Stellen, und nicht selten findet man dann verschiedene Amazonen- und Papageienarten zur gleichen Zeit auf ihnen.

In der Regel versuchen Amazonen auf Nahrungsbäumen oder -büschen so unauffällig wie möglich zu fressen. Dementsprechend kommen sie bereits leise angeflogen und sitzen erst einmal mehrere Minuten still. Dabei überprüfen sie, wie sicher diese Nahrungsquelle ist und ob nicht bereits eine Gefahr droht. Bevorzugt werden eindeutig Plätze, an denen die Vögel durch das Blattwerk getarnt sind. Nach einigen Minuten beginnen sie schließlich mit dem Fressen. Die ausgewählte Frucht, Beere oder sonstiges wird mit dem Schnabel abgebissen, wobei die Vögel sich je nach Sitzplatz in verschiedene Richtungen strecken müssen oder aber auch kopfunter hängen lassen. Die kleineren Arten wie die Weißstirnamazone (*A. albifrons*) haben dabei einen Aktionsradius von 30 cm, größere Arten wie die Mülleramazone (*A. farinosa*) bis zu 50 cm. Normalerweise holen sich die Vögel nur eine Frucht auf einmal, gelegentlich aber auch Rispen oder Trauben. Kleinere Nahrung wird direkt im Schnabel bearbeitet, wobei die Zunge als Hilfsmittel zum Drehen dient. Größere Teile werden vom Schnabel in den Fuß übergeben, dort festgehalten und dann mit Hilfe der Zunge und des Unterschnabels bearbeitet oder Stücke herausgebissen.

Viele Papageien sind dafür bekannt, verschwenderisch mit dem Futter umzugehen. Dies trifft auf jeden Fall für die Amazonen zu, die meist nur wenige Stücke aus einer Frucht herausbeißen und den Rest dann fallen lassen. Tatsächlich ist es oft auch nicht die Stimme, die einem Beobachter verrät, ob ein Nahrungsbaum mit Amazonen besetzt ist, sondern die vielen Nahrungsreste, die auf den Boden herabfallen. Je nach Schwarmgröße „rieselt" es regelrecht unter einem Baum, und ein geübter Papageienkenner kann anhand der Bissstellen in den Fruchtresten sogar erkennen, um welche Art es sich gerade handelt, die oben auf dem Baum frisst.

Wie die meisten Papageien sind auch Amazonen entweder Links- oder Rechtshänder. Beobachtungen an der Puerto-Rico-Amazone (*A. vittata*) im Freiland haben ergeben, dass in 94 Prozent der Sichtungen die Nahrung mit dem linken Fuß gehalten wurde (Snyder et al. 1987). Tatsächlich scheinen die meisten Amazonen unabhängig von der Artzugehörigkeit Linkshänder zu sein, worauf Friedmann und Davis (1938) bereits hinweisen. Merkwürdigerweise ist der Anteil an Rechtshändern bei den in Menschenobhut gehaltenen Vögeln aber deutlich größer ist als bei den Wildvögeln.

Wenn sich Amazonen ungestört fühlen oder kein Grund zur Eile vorliegt, lassen sie sich in der Regel Zeit mit dem Fressen. So benötigte in einem Fall eine Puerto-Rico-Amazone für rund 130 Früchte der Manacla-Palme (*Prestoea montana*) eine Zeit von 54 Minuten, wobei im Schnitt für jede Frucht 24 Sekunden benötigt wurden. Anders während der Brutzeit, wenn das Weibchen oder Junge zusätzlich versorgt werden müssen: Gerade einmal 19 Minuten benötigte das Männchen eines Brutpaares für die selbe Menge an Manacla-Palmfrüchten, was einen Zeitaufwand von lediglich 8,6 Sekunden pro Frucht entsprach.

Während der Nahrungsaufnahme bewegen sich die meisten Amazonen bewusst langsam und unauffällig, wobei sie - wenn immer es geht - das sie umgebende Blattwerk als zusätzliche Tarnung verwenden. An Nahrungspflanzen wie z. B. Palmen mit herabhängenden Fruchtständen, die keinen solchen Schutz bieten, sind sie zwar durch ihre Gefiederfärbung immer noch schwer sichtbar, aber darauf verlassen sie sich nicht, sondern sie sind hier besonders wachsam. Vor allem die Venezuela-Amazone (*A. amazonica*) ernährt sich zu einem großen Teil von Palmfrüchten, aber auch die Blaustirnamazone (*A. aestiva*) im Pantanal. Beide sind beim Fressen an Palmen so scheu, dass es schon etwas Besonderes ist, sie dort aus der Nähe beobachten zu können. Insbesondere beim Fressen von saftigen Früchten wird der Schnabel der Vögel oft stark verschmutzt. Nach Beendigung der Mahlzeit verbringen die Amazonen daher eine beträchtliche Zeit, sich den Schnabel durch Reiben an Ästen und Zweigen zu säubern.

Blaustirnamazonen

haben beim Fressen weicher Früchte oft einen stark verschmierten Schnabel.

Merkwürdigerweise gibt es nur eine Beobachtung einer trinkenden Rotspiegelamazone (*A. agilis*) im Freiland. An Flussstellen, an denen sich Aras oder Sittiche zum Trinken niederlassen, wurden Amazonen noch nie gesichtet. Vermutlich decken sie einen Teil ihres Flüssigkeitsbedarfs durch die Aufnahme von Früchten oder Blüten und deren Nektar. Amazonen in Regenwäldern haben zusätzlich noch die Möglichkeit, Wasser aufzunehmen, das sich im Innern von Bromelien und anderen Schmarotzerpflanzen angesammelt hat. Zwar wurde dies ebenfalls nur bei Rotspiegelamazonen gesichtet, ist aber von anderen Papageien gut beschrieben.

Die Nahrung der Amazonen

Betrachtet man sich einmal die gängige Literatur über Amazonen, so findet man häufig den Hinweis, dass sich Amazonen von Samen, Früchten, Beeren, Nüssen, Blüten und Blattknospen ernähren. Das ist insgesamt sicher nicht falsch, gibt aber wenig Hinweise über die tatsächlichen Ernährungsbedürfnisse der Vögel.

Tatsächlich haben sich die Ornithologen und Feldforscher bislang schwer getan, herauszufinden, was die Amazonen fressen und vor allem, in welcher Gewichtung. Gerade Letztes ist aber von entscheidender Bedeutung. Schaut man sich einmal die Beobachtungen an Blaustirnamazonen (*Amazona aestiva*) an, so fällt auf, dass die Vögel am häufigsten beim Fressen von Palmfrüchten beobachtet wurden. Man könnte nun vermuten, dass sich die Art überwiegend von dieser Futterquelle ernährt. Tatsächlich ist dies aber nicht der Fall, wie das Beispiel der Puerto-Rico-Amazone (*Amazona vittata*) zeigt. Für diese Art wurden insgesamt über 60 Nahrungspflanzen festgestellt (Snyder *et al.*, 1987), obwohl sie überproportional häufig an Palmen – in diesem Fall an der Manacla-Palme (*Prestoea montana*) – gesehen worden war. Der Grund für diese zahlreichen Beobachtungen in Palmen dürfte in beiden Fällen der gleiche gewesen sein: Die Vögel sind hier wesentlich exponierter und deshalb leichter zu entdecken als in belaubten Bäumen, wo ihr Gefieder eine ideale Tarnung ist.

Insgesamt basiert das Wissen über die Nahrungsgewohnheiten der Amazonen auf Einzelbeobachtungen, die in ihrer Bedeutung nicht überbewertet werden dürfen, solange das gesamte Nahrungsspektrum einer Art unbekannt ist. Hinzu kommt, dass in den Fällen, in denen die Nahrung überhaupt bestimmt werden konnte, oft nicht bekannt ist, welcher Nahrungsteil denn nun von den Vögeln wirklich gefressen wird. Am Beispiel der von der Blaustirnamazone genutzten Coyol-Palme (*Acrocomia aculeata*) lässt sich dies gut erklären. Auch der prächtige Hyazinthara (*Anodorhynchus hyacinthinus*) ernährt sich von ihren Früchten, im Gegensatz zur Blaustirnamazone frisst er allerdings nicht das äußere Podocarp, sondern die kleinen Nüsse im Inneren des Kerns. Wahrscheinlich würden das die Amazonen auch gerne tun, ihr Schnabel ist aber einfach nicht kräftig genug, um den harten Kern zu knacken.

Links: Das Bild zeigt eine Doppelgelbkopf-Amazone in einem Nahrungsbaum; die Vögel verhalten sich hier sehr leise und sind nur schwer zu entdecken.

Palmen und deren Früchte

zählen zu den bevorzugten Nahrungsquellen vieler Amazonen; das Bild zeigt Blaustirnamazonen auf einer Coyol-Palme.

Während einer Zeit allerdings nutzen die zuvor angeführten Puerto-Rico-Amazonen die Manacla-Palme aber doch sehr intensiv. Sie haben ihre Brutsaison an die Zeit zwischen Januar und April angepasst, wenn die Palme ihre Hauptproduktion an Früchten hat. So sichern die Amazonen auf einfache Weise die Versorgung ihres Nachwuchses mit Nahrung. Ähnliches ist auch von der Salvin- (*A. a. salvini*), der Ekuador- (*A. a. lilacina*), der Gelbbauch- (*A. xanthops*), der Kuba- (*A. leucocephala*) und der Blaustirnamazone bekannt.

Nahrung

Früchte tragende Bäume

sind Hauptnahrungslieferanten für die Amazonen; das Bild zeigt eine Weißstirnamazone.

Sieht man einmal von den Palmen ab, so lassen sich einige weitere Fakten feststellen: Die überwiegende Zahl der bekannten Nahrungspflanzen sind Früchte tragende Bäume. Diese Früchte bestehen überwiegend aus weichem, saftigem Fruchtfleisch oder Beeren, in denen sich die Samen oder der Kern befindet. Fast immer wird das weiche Fruchtfleisch von den Vögeln aufgenommen, nur selten einmal die darin enthaltenen Samen.

Relativ häufig sind aber auch Beobachtungen von Amazonen, die Samenkapseln und Schoten öffnen, um an den mehr oder weniger harten Inhalt zu gelangen.

Mit Abstand an zweiter Stelle stehen Sträucher, die den Amazonen meist Beeren bieten. Auf der der mexikanischen Halbinsel Yucatán vorgelagerten Insel Cozumel suchen die Goldzügelamazonen (*Amazona xantholora*) ihre Nahrung sogar fast ausschließlich in Büschen, was allerdings daran liegt, dass es auf der Insel nur wenige große Bäume gibt.

An dritter Stelle der Nahrungspflanzen stehen die diversen Ranken- und weinartigen Pflanzen, die in der Regel fleischige Beeren produzieren, in denen sich kleine Samen befinden.

Eine deutlich geringere Bedeutung scheinen hingegen Blüten bei der Ernährung der Amazonen zu haben. Zwar wurden einige Arten bei deren Aufnahme gesehen, aber die Anzahl der Beobachtungen lässt vermuten, dass sie eher ausnahmsweise gefressen werden. Meist scheint es so zu sein, dass weniger die Blütenblätter, sondern der darin enthaltene Nektar die Vögel verlockt, sich doch einmal über eine Blüte herzumachen.

Überraschenderweise ist von einigen Arten bekannt, dass sie neben Knospen auch regelmäßig

Blätter und Rinde in kleinen Mengen fressen. Neben der Puerto-Rico-Amazone ist dies vor allem die Blaukappenamazone (*A. finschi*). Da dies aber nur während der Brutzeit beobachtet werden kann, geht man davon aus, dass der hohe Kalziumanteil der Blätter der Hauptgrund für die Aufnahme ist.

Eine nur im ersten Moment ungewöhnliche Nahrungsquelle können die Blaukronen- (*A. ventralis*), die Weißstirn- (*A. albifrons*) und die Gelbschulteramazone (*A. barbadensis*) nutzen: Sie fressen die saftigen und süßen Kaktusfrüchte, die zahlreich in ihrem trockenen Lebensraum zu finden sind. Als geschickte Kletterer sind sie in der Lage, Verletzungen durch die Stacheln der verschiedenen Kakteenarten zu vermeiden.

Schon bald, nachdem die ersten Europäer Mittel- und Südamerika besiedelt und kultiviert hatten, konnten die Amazonen neue Nahrungsquellen erschließen. Dies waren die Gärten, Felder und Plantagen der neuen Siedler, die natürlich nicht begeistert waren, dass sie die Ernte mit den Papageien teilen mussten. Dementsprechend riskant ist der Besuch für die Vögel. Trotzdem zählen insgesamt heute zwölf der 29 Amazonenarten zu den Ernteschädlingen. Ihre bevorzugten Kulturpflanzen sind neben Mango- und Guavenfrüchten vor allem Mais, Bananen und Zitrusfrüchte. Weniger häufig stürzen sie sich auf die Hirse- und Getreidefelder. Von der Venezuela-Amazone weiß man, dass sie auch in Kakao-Plantagen Schäden anrichtet, und die Ekuadoramazone taucht gelegentlich in Kaffee-Anpflanzungen auf.

Hin und wieder wird beschrieben, dass die Amazonen auch Insekten, deren Larven und Eier fressen. Tatsächlich gibt es keinen Beleg hierfür. Allerdings liegt von der Puerto-Rico-Amazone eine Beobachtung vor, bei der ein Vogel eine kleine Eidechse tötete und mit ihr davonflog. Ob diese nun ganz oder ein Teile von ihr gefressen oder an Nestlinge verfüttert wurde, blieb im Dunkeln.

Blätter als Nahrung

werden von der Blaukappenamazone genutzt.

links: Eine Gelbscheitelamazone hat sich auf einem Mango-Baum niedergelassen.

Weißstirnamazonen

kommen oft erst recht spät an ihren Schlafplätzen an.

Aktivitäten am Abend

Nach der zweiten Nahrungsaufnahme kehren die Amazonen zu ihren Schlafbäumen zurück, wobei – wie bereits erwähnt – bei vielen Arten die Rückflugroute nicht identisch mit dem morgendlichen Abflugweg ist. Bei den meisten Arten kann man die Rückkehr in den späten Nachmittagsstunden bis kurz vor dem Dunkelwerden beobachten. Nur wenige Vögel kehren erst zu den Schlafplätzen zurück, nachdem es bereits finster ist. Das hängt damit zusammen, dass ihre Fähigkeit, nachts zu sehen, deutlich eingeschränkt ist. Entdeckt wurde dies bei der Puerto-Rico-Amazone (*A. vittata*), bei der verspätete Vögel Schwierigkeiten hatten, im Dunkeln sicher auf Ästen zu landen, die für das menschliche Auge noch deutlich auszumachen waren. Ein zweiter Grund dürfte natürlich auch sein, dass Fressfeinde wie Eulen oder Greifvögel nach Einbruch der Dunkelheit für die meisten Amazonen kaum noch als solche zu erkennen sind.

Eine Ausnahme machen die Weißstirnamazonen (*A. albifrons*). Aus El Salvador liegen Beobachtungen vor, dass dort die Vögel erst kurz vor Sonnenuntergang bis lange nach dem Einbruch der Nacht an ihren Schlafbäumen ankommen und offensichtlich keine Schwierigkeiten haben, im Dunkeln zu sehen.

Fast allen Amazonen haben auch eine abendliche Rufperiode, die direkt nach der Ankunft an den Schlafplätzen zu beobachten ist, allerdings wesentlich kürzer ausfällt als die morgendliche. In der Regel landen die Vögel erst auf den obersten Zweigen hoher Bäume, rufen dort über mehrere Minuten, bevor sie entweder zu tiefer gelegenen Ästen klettern oder auf den eigentlichen Schlafbaum fliegen.

Sozialstruktur und Verhaltensweisen

Innerhalb ihrer Populationen weisen Amazonen eine gut ausgebildete Sozialstruktur auf. Die Grundeinheit ist hier das Paar, was sofort deutlich wird, wenn man die Vögel im Freiland beobachten kann. In der Regel sitzen immer zwei Vögel zusammen oder wenigstens in geringem Abstand voneinander entfernt, wobei nach kurzer Zeit meist schnell klar wird, dass die beiden ihr Verhalten synchronisieren. Selbst während des Fluges sind die Paare gut zu erkennen. Sieht man einmal nur einen Vogel, kann man fast immer davon ausgehen, dass der andere mit Brutaktivitäten beschäftigt ist.

Solche Paare bilden sehr oft mit anderen Artgenossen eine Kleingruppe, die aber vermutlich nicht über einen längeren Zeitraum zusammenbleibt, sondern relativ schnell wechseln kann. Das wird deutlich, wenn man Amazonen einmal an einem Nahrungsbaum beobachtet. Hier treffen sich oft Paare oder unterschiedlich große Schwärme, und regelmäßig kann man registrieren, dass die Gruppen nicht in der selben Besetzung abfliegen, in der sie eingetroffen sind.

Solche Gruppen übersteigen bei den Amazonen selten einmal die Größe von 20 Tieren. Wenn sie in Schwärmen von mehreren hundert oder tausend Vögeln auftauchen, so ist dies entweder auf Schlafplätzen oder in sehr ergiebigen Nahrungsgebieten zu beobachten, über die schon zuvor geschrieben wurde.

Freundlich-partnerschaftliches Verhalten

Amazonen gehören wie die meisten Papageien zu den Tieren, die ein verhältnismäßig großes Spektrum an Verhaltensweisen zeigen. Sieht man einmal vom Brutverhalten ab, kann man ihre Verhaltensweisen drei Hauptgruppen zuordnen. Die erste Gruppe umfasst die „freundlich-partnerschaftlichen Verhaltensweisen". Hierzu zählt vor allem das „Kontaktsitzen", bei dem zwei oder mehrere Tiere so eng zusammensitzen, dass sich die Körper berühren. Dieses Verhalten wird nicht nur dem Partner oder dem Nachwuchs gegenüber gezeigt, sondern ist gelegentlich auch innerhalb der Mitglieder einer Gruppe zu beobachten. Typisch dabei ist, dass sich die Vögel selbst oder gegenseitig das Gefieder kraulen oder säubern. Dieses Verhalten zeigt meist deutlich, wie stark die Harmonie zwischen den Partnern ist, hat natürlich aber auch eine sehr praktischen Funktion. Bevorzugt werden die Stellen gekrault und damit auch gereinigt, die der Partnervogel selbst nicht erreichen kann (wie zum Beispiel den gesamten Kopfbereich).

Diese Salvin-Amazonen

demonstrieren das enge Kontaktsitzen, das vor allem bei verpaarten Tieren zu beobachten ist.

Spielverhalten

Spielverhalten ist insbesondere bei jungen Amazonen zu entdecken, da diese hierbei meist auch Techniken erlernen, die sie für ein späteres Überleben benötigen. Unter „Spielverhalten" versteht man die Verhaltensweisen, die nicht auf einen speziellen Nutzen ausgerichtet sind, sondern um

Junge Amazonen erkunden ihre Umwelt

mit spielerischem Knabbern an allen möglichen Dingen; das Foto zeigt zwei junge Sonora-Blaukappen-amazonen.

ihrer selbst willen durchgeführt werden. Hierzu gehören das „Knabbern", bei dem ein Jungvogel dem anderen in die Schwanz- oder Flügelfedern beißt, oder das spielerische Kämpfen, bei dem die jungen Amazonen lernen, Bewegungen zu koordinieren und ihre Kräfte zu messen, um in späteren Auseinandersetzungen bestehen zu können.

Das Beknabbern von Objekten dient der Schnabelpflege, vielfach ist es aber nicht zweckgerichtet und dient der Untersuchung von Gegenständen und der Befriedigung der Neugier.

Agonistische Verhaltensweisen

Bei diesen Verhaltensweisen handelt es sich um das Gegenteil zu den freundlich-partnerschaftlichen Verhaltensweisen. Sie dienen der Verteidigung und damit dem Überleben des Individuums. Die verschiedenen Stufen reichen vom „Drohen" mit weit geöffnetem Schnabel über das „Hacken", bei dem die Amazone Hackbewegungen in Richtung des Kontrahenten ausführt, bis zu einem Schnabelkampf, bei dem beide Vögel schnell hintereinander und abwechselnd nach dem Schnabel des anderen hacken. Die stärkste Form des agonistischen Verhaltens ist das „Beißen", das allerdings nicht häufig vorkommt. In der Regel wird es durch Drohen und Hacken eingeleitet und dann angewendet, wenn es sich bei dem Kontrahenten um ein gleichstarkes bzw. in der Rangordnung gleichgestelltes Tier handelt, das nicht nachgeben will.

Das „Fliehen" des schwächeren Vogels ist eine übliche Reaktion auf alle zuvor beschriebenen agonistischen Verhaltensweisen und sorgt letztendlich dafür, das Streitigkeiten nicht regelmäßig eskalieren und zu körperlichen Schäden der Beteiligten führen.

Agonistische Verhaltensweisen kommen bei allen Amazonen-Arten vor, sind jedoch nicht so häufig, wie es vielleicht den Anschein hat. Hauptsächlich treten sie zwischen verschiedenen Paaren auf und schwerpunktmäßig während der Brutzeit. Interessanterweise bedrohen sich beim Zusammentreffen zweier Paare meist die Männchen gegenseitig, und entsprechend tragen die Weibchen ihren Teil des Konfliktes untereinander aus. Das unterlegene Paar flieht nahezu gleichzeitig, was natürlich vor allem daran liegt, dass ein verbleibender Vogel wenig Chancen gegen nun zwei Gegner hätte.

Balz

Im Gegensatz zu vielen anderen Vogelarten ist das Balzritual bei den Papageien insgesamt deutlich reduziert. Das hängt vermutlich damit zusammen, dass die überwiegende Zahl der Psittaziden eine langandauernde Partnerschaft eingeht, bei der sich die Beteiligten nicht jedes Mal aufs neue beweisen müssen, dass sie geeignete Partner sind.

Bei den Amazonen kann man bei der Balz lediglich die zuvor beschriebenen freundlich-partnerschaftlichen Verhaltensweisen wie Kopfkraulen oder gegenseitige Gefiederpflege intensiver sehen. Insbesondere vor der eigentlichen Kopulation füttert das Männchen seine Partnerin. Als eigentliches Balzverhalten taucht bei den Amazonen lediglich ein Imponiergehabe auf, bei dem das Männchen die Schwanzfedern und die Flügel abspreizt und so versucht, unter Beugen des Körpers das Weibchen zu beeindrucken. Dieses reagiert meist geringfügig zeitversetzt ebenfalls mit beugenden Bewegungen, zu dem dann bei beiden Tieren noch die Pupille abwechselnd geöffnet und verkleinert wird.

Erst bei diesem Verhalten kommen die farbigen Schwanzfederzeichnungen der meisten Amazonen überhaupt zum Einsatz. Andere Arten wie die Tucumán- (*A. tucumana*) oder die Gelbscheitelamazone (*A. ochrocephala*) zeigen jetzt die ihre roten Handdecken oder die gelb-rote Färbung auf dem Flügelbug.

Ein Paar Grünwangenamazonen

bei der Balz in einer hohen Zypresse

Kopulation

In vielen Fällen folgt im Anschluss an die Balz eine Kopulation. Die unterscheidet sich aber von der der meisten südamerikanischen Vögel, da das Amazonenweibchen nicht - wie ansonsten üblich - sein Weibchen voll besteigt, sondern sich ihm seitlich nähert. Dabei hält es sich mit einem Fuß auf einem Zweig oder Ast fest, während sich der andere auf dem Rückengefieder der Partnerin befindet. Die Kloaken werden anschließend unter kreisenden Bewegungen aneinander gepresst. Oft legt das Männchen noch einen Flügel über den Rücken des Weibchens. Dieser Begattungsakt dauert bei den meisten Paaren rund 70 Sekunden, wobei ein Paar Weißstirnamazonen dabei beobachtet wurden, wie es 3,40 Minuten kopulierte (Skeate 1984). Nahezu alle Vögel geben dabei eigentümlich glucksende Laute von sich.

Üblicherweise kopulieren die Amazonen mehrmals bis zur Eiablage, wobei immer die nähere Umgebung der zuvor ausgewählten und besetzten Bruthöhle bevorzugt wird.

Brutgebiet der Soldatenamazone

in den Santa-Marta-Bergen Kolumbiens in einer Höhe von 3.000 m ü. NN.

Brutbiologie

Nistplätze

Hinsichtlich ihres Brutverhaltens zählen die Amazonen – wie nahezu alle Papageien – zu den Höhlenbrütern. Unter den Vögeln ist diese Form des Nistens nicht außergewöhnlich, da sie offensichtlich mehrere Vorteile mit sich bringt. So ist das Gelege im Durchschnitt bei den Höhlenbrütern größer als bei anderen Arten, und das gleiche gilt für den Bruterfolg. Das liegt vor allem daran, dass eine Höhle sowohl für die brütenden Vögel selbst als auch für die Eier und Jungen einen besseren Schutz bietet als ein freistehendes Nest. Dem steht allerdings gegenüber, dass geeignete Nisthöhlen nur in einem begrenzten Umfang vorhanden sind und dementsprechend viele Arten um sie konkurrieren. Papageien haben es in dieser Hinsicht besonders schwer, da sie in der Regel zu den „Secondary hole-nesters“ gehören, also darauf angewiesen sind, dass schon andere Vögel für sie eine Höhle vorgearbeitet haben. Am bereits zuvor angeführten Beispiel der Natterer- (*A. o. nattereri*) und Chapmans Mülleramazone (*A. f. chapmani*), die sich im südlichen Mato-Grosso-Gebiet die Nisthöhlen dadurch teilen, dass sie zeitversetzt brüten, wird der Mangel an Nistplätzen sehr deutlich. Diese Situation findet man aber in nahezu allen potentiellen Brutgebieten, und sie hat dazu geführt, dass viele Papageienarten bei der Wahl ihrer Bruthöhle besonders anpassungsfähig geworden sind und sich nicht nur auf die „traditionellen“ Höhlen in Bäumen beschränkt haben. Gerade die Amazonen sind hierfür ein gutes Beispiel.

Es sind mehrere Faktoren, die die Zahl der tatsächlich für die Amazonen verfügbaren Nistgelegenheiten deutlich reduzierten Eigentlich sollte man meinen, dass die Vögel alle geeigneten Höhlen innerhalb ihres Verbreitungsgebietes nutzen könnten; dem ist aber keinesfalls so. In der Regel haben die Arten ganz begrenzte Brutareale, die nur einen kleinen Prozentteil des Verbreitungsgebietes ausmachen. Bei der schon so oft zitierten Puerto-Rico-Amazone machen die bekannten Brutgebiete gerade einmal ein Prozent des Gebietes aus, in dem die Art vorkommt, bei anderen Arten dürfte es ähnlich sein. Das liegt daran, dass es mehrere Voraussetzungen für ein Brutgebiet gibt: So muss es natürlich in ausreichendem Maße geeignete Bruthöhlen bereitstellen, aber auch frei sein von Störungen und während der Brutzeit konstante klimatische Bedingungen bieten. Potentielle Nistplatzkonkurrenten dürfen das Gebiet noch nicht besiedelt oder überhand genommen haben . Zusätzlich muss es ausreichend Schutz vor Nesträubern bieten, und die Nahrungsplätze dürfen nicht zu entfernt liegen.

Oft erfüllen nur noch wenige, meist abgelegene Gegenden diese Bedingungen über Jahre und Jahrzehnte hinweg, was dazu geführt hat, dass die Vögel immer wieder hierher zurückkehren und man bei vielen Arten von „traditionellen Brutgebieten“ sprechen kann. Insbesondere von den Amazonen mit natürlichem kleinen Verbreitungsgebiet wie z.B. die Bahama- (*A. l. bahamen-*

Ein Paar Gelbwangenamazonen

am Nistbaum; der Eingang befindet sich im hinteren rechten Bereich des Stammes.

sis) oder die Blaukronenamazone (*A. ventralis*), aber auch von der Soldatenamazone (*A. mercenaria*) kennt man diese Plätze. Bei der Puerto-Rico-Amazone werden zwei ihrer heute noch existierenden Brutgebiete von den Feldbiologen seit dem Jahr 1954 beobachtet.

Baumhöhlen

Baum- und Asthöhlen sind die wohl am häufigsten von den Amazonen genutzten Nistgelegenheiten. Das liegt daran, dass sie bei den meisten Arten - zumindest in intakten Habitaten – in ausreichenden Mengen vorhanden sind und verhältnismäßig lange genutzt werden können. Die durchschnittliche Nutzbarkeit einer Bruthöhle liegt bei den meisten Baumarten zwischen 10 und 15 Jahren. Danach ist die Höhle entweder unbrauchbar oder nicht mehr vorhanden, weil der Baum abgestorben und Unwettern oder Wasserläufen zum Opfer gefallen ist. Gerade Letzteres ist häufig der Fall, da sich viele Amazonen bevorzugt Nistbäume entlang von Flüssen als Brutplatz aussuchen.

Viele Menschen, die einmal den Regenwald erkunden, haben das Gefühl, dass Nisthöhlen in großen Mengen zur Verfügung stehen. Schaut man aber genauer hin, erkennt man schnell, dass viele Höhlen für die Amazonen entweder zu klein, zu feucht, für Raubfeinde zu leicht zu erreichen oder bereits von anderen Vögeln, Säugetieren, Reptilien und vor allem Insekten besetzt sind. Hinzu kommt bei einigen Arten wie der Grünwangen- (*A. viridigenalis*) oder der Gelbwangenamazone (*A. a. autumnalis*), dass sie so lange keine anderen Vögel in der Umgebung des Nests dulden, bis sie selbst mit dem Brüten begonnen haben. Selbst dann beträgt der Mindestabstand zum nächstgelegenen Nest bei fast allen Amazonenarten immerhin noch 35 m bis 50 m.

Ein Paar Kuba-Amazonen

inspiziert seiner Nest in einer abgebrochenen Palme.

Während die meisten Amazonen darauf achten, dass das Nest nicht leicht einsehbar und sicher vor Eindringlingen ist sowie der Eingang auf der dem Regen abgewandten Seite liegt, spielen die Größe oder die Höhe nur eine untergeordnete Rolle. So sind viele Nisthöhlen denn auch überraschend eng oder tief. Nester, bei denen der Abstand von Eingangsloch bis zum Boden 2 m und mehr beträgt, sind gar nicht so selten. Einige Bedingungen müssen aber auf jeden Fall erfüllt sein: Für die meisten Arten dürfen die Nesteingänge nicht zu groß sein, um den Lichteinfall so gering wie möglich zu halten. Die Höhle muss eine Mindesttiefe von 60 cm aufweisen und auf jeden Fall trocken sein. Bevorzugt werden Höhlen, deren Eingang mehr als 4,5 m über dem Boden liegt; nach oben hin gibt es dann keine Begrenzung.

Bekannt für ihre Genügsamkeit ist in dieser Hinsicht die Weißstirnamazone (*A. albifrons*), deren Brutbäume oft entlang von Straßen und Feldern stehen und den Eindruck machen, als würden sie das nächste Unwetter nicht überleben. Während die meisten Amazonen wenigstens einen Durchmesser von 25 cm für die Nestkammer benötigen, kommt sie mit deutlich weniger Platz aus, und auch die Höhleneingänge erreichen nicht immer den bei anderen Arten üblichen Mindestabstand vom Boden.

Palmhöhlen

Palmhöhlen werden von vielen Amazonenarten genutzt. Sie haben den Vorteil, dass sie im Innern schnell verrotten und die Maden verschiedener Insektenarten bereits gründliche Vorarbeit leisten, wenn erst einmal eine Öffnung durch eine der zahlreichen Spechtarten oder durch einen Abbruch der Spitze geschaffen wurde. Die Amazonen können die Höhle dann leicht selbst weiterbearbeiten und ihren Bedürfnissen anpassen.

Nachteil der Palmen ist, dass sie nicht sonderlich langlebig sind, vor allem wenn sie in sumpfigen Gebieten stehen und bereits abgestorben sind. Während der Regenzeit stürzen sie dann leicht um oder werden so beschädigt, dass Wasser in das Nest laufen kann. Die meisten Amazonenarten gehen aber dieses Risiko ein, insbesondere die häufigeren Arten wie die Venezuela- (*A. amazonica*) und die Gelbscheitelamazone (*A. ochrocephala*) in Südamerika oder die Weißstirnamazone in Mittelamerika.

Auf Kuba ist die Kuba-Amazone (*A. leucocephala*) für die Brut praktisch vollständig auf die Palmen angewiesen. Wie riskant dies in der von

Hurrikans geplagten Region sein kann, zeigte sich im September 2002, als gleich zwei Wirbelstürme die Isla de la Juventud heimsuchte. Von den auf der Insel bekannten 730 Nistpalmen wurden rund 540 vernichtet.

Felshöhlen

Einige Amazonen brüten auch in Felshöhlen, wenn sich auch keine Art direkt auf diese Brutplätze spezialisiert hat. In der Regel befinden sich diese Nistplätze in Steilwänden und bieten einen idealen Schutz für die Tiere sowohl vor Raubfeinden als auch vor der Witterung. Bekannt ist diese Brutweise vor allem von der Blaustirn- (*A. aestiva*), Puerto-Rico- (*A. vittata*) und Gelbschulteramazone (*A. barbadensis*), wobei die letztere auf diese Nistgelegenheiten angewiesen ist, da große Bäume oder Palmen in ihrem Verbreitungsgebiet die Ausnahme sind. Bei der Puerto-Rico-Amazone gilt die Einschränkung, dass die heutige kleine Population diese Brutart nicht mehr praktiziert und sich ganz auf Brutbäume beschränkt.

Bodenhöhlen

So unglaubwürdig es im ersten Moment klingen mag: Es gibt tatsächlich eine Amazone, die im Boden brütet. Es ist die Bahama-Amazone (*A. l. bahamensis*) von Abaco, eine der Bahamas-Inseln. Die dort heimische Population umfasst zwischen 450 und 900 Vögel, die ein leicht erkennbares Problem haben: Auf ihrer hauptsächlich mit Pinien bewachsenen Heimatinsel gibt es kaum Bäume, die groß genug für eine Amazonen-Nisthöhle sind. Das liegt an dem kargen Kalksteinboden, der an vielen Stellen ausgewaschen und löchrig ist. Genau diese Bodenlöcher nutzen nun die Amazonen als Nisthöhlen. Während ihre Artgenossen auf Great Inagua ganz normal in Bäumen brüten und zu ihren Nestern nach oben fliegen, lassen sich die Abaco-Amazonen zum Boden herab und verschwinden in einem der zwischen 40 cm und 323 cm tiefen Löcher.

Eine Bahama-Amazone

vor der Eingangsöffnung ihrer Bodenhöhle.

Ganz ungefährlich ist dieses Brüten allerdings nicht. Immer wieder verlieren die Bahama-Amazonen ihre Gelege oder Jungen an Landkrabben, Schlangen oder verwilderte Katzen, und manches Gelege wurde schon durch einen der heftigen Regenfälle weggeschwemmt.

Termitenbauten

Dort, wo größere Bäume knapp werden, sind viele Papageien auf besondere Brutplätze ausgewichen. Sie nutzen die Bauten von Baumtermiten. Seit langem bekannt ist diese Nistweise von den winzigen Spechtpapageien (*Micropsitta spp.*) auf Neuguinea und von einigen australischen Sittichen. Nur wenige Papageienfreunde wissen, dass überraschend viele süd- und mittelamerikanische Arten die Termitenbauten ebenfalls nutzen. Unter den Amazonen sind dies die Weißstirn- (*A. albifrons*) und die Goldzügelamazone (*A. xantholora*), die in den trockenen Gegenden ihres Verbreitungsgebietes Schwierigkeiten haben, passende Baumhöhlen zu finden.

Genaue Beobachtungen hierzu gibt es noch nicht, aber man kann wohl davon ausgehen, dass

Diese Blaustirnamazone hat sich einen Termitenbau zum Brüten ausgesucht

– das Foto ist die erste Aufnahme, die diese Brutweise für Blaustirnamazonen dokumentiert

sie beim Ausgraben der Bruthöhle genau so vorgehen wie die kleinen Elfenbeinsittiche (*Aratinga canicularis*), die im selben Gebiet vorkommen und ebenfalls in Termitenbauten brüten. Diese graben relativ rasch ihre Höhle aus dem porösen Termitennest und lassen es dann rund 14 Tage in Ruhe. Während dieser Zeit haben die Insekten Gelegenheit, die offenen Wände im Inneren des Baus wieder zu verschließen. Wenn die Sittiche dann einziehen, haben sie eine Brutkammer, die tagsüber ausgezeichnet vor der brennenden Hitze und nachts vor dem Auskühlen geschützt ist. Besonders haltbar scheinen die Termitenbauten allerdings nicht zu sein. Wie die Erfahrungen bei Spechtpapageiennester in Neuguinea gezeigt haben, dürfte die Lebensdauer der Nester kaum über eine oder zwei Brutsaisons hinausreichen.

Noch von einer dritten Amazonenart liegen erste Beobachtungen zur Nutzung von Termitenbauten vor. Es ist überraschenderweise die Blaustirnamazone, von der der französische Naturfotograf Roland Seitre im brasilianischen Bundesstaat Bahia ein Nest in einem Termitenbau entdeckte. Das Besondere daran ist, dass es sich um einen auf dem Boden errichteten Termitenbau handelt. Das ist einmalig, denn alle anderen Papageien brüten ausschließlich in Baumbauten. Ob das Nest ein einmaliger „Ausrutscher“ ist oder ob die Amazonen dieser Region regelmäßig in den Termitenbauten brüten, muss erst noch überprüft werden.

Sonstige Nester

Wie bereits mehrfach angeführt, liegt der Erfolg der Gattung *Amazona* vor allem in der Anpassungsfähigkeit ihrer Vertreter. Das gilt natürlich auch für die Nistplatzwahl, wie man aus den vorangegangenen Beispielen leicht erkennen kann. Einige Vertreter haben sich aber besondere Plätze zum Brüten ausgesucht, die wohl nicht als typisch angesehen werden dürfen, hier aber doch erwähnt werden sollen. So wurde das Nest einer Blaukronenamazone (*A. ventralis*) in einem Fall in einem großen Kaktus entdeckt, und in einem anderen Fall hatte eine Rotspiegelamazone (*A. agilis*) ihre Höhle in das dichte Wurzelwerk einer großen Bromelie gegraben, was sonst nur von den kleinen Loris bekannt ist.

In Tikal hat sich ein Guatemala-Amazonenpaar (*A. f. guatemalae*) gar als „Kulturschänder“ erwiesen. Es hatte als Nest ausgerechnet eine Spalte in einer historischen Steinwand ausgewählt, die zu einem der berühmten Maya-Tempel gehörte. Bei der Untersuchung des Nestes stellte sich heraus, dass die Spalte 60 cm tief war und drei junge Amazonen enthielt.

Brutzeiten

Wenn man sich das riesige Verbreitungsgebiet der Gattung *Amazona* anschaut, wird schnell klar, dass die Vertreter nicht alle zur gleichen Zeit brüten werden. Im südlichen Teil zeigen sich die ersten Anzeichen von Brutlust bereits im September, wenn die Paare anfangen, die Nisthöhlen zu suchen und diese zu besetzen. Oft halten sich die Weibchen schon einige Zeit vor der eigentlichen Brut darin auf, während das Männchen oder notfalls beide Partner zusammen die Höhle und deren Umgebung gegen Konkurrenten verteidigen.

Diese Aufenthalte in der Höhle scheinen für den Beginn der Brut wichtig zu sein, denn sie stimulieren offenbar die Eierproduktion beim Weibchen. Zur eigentlichen Eiablage kommt es aber in Argentinien bei nahezu allen Arten erst ab Oktober. Im Schnitt verschiebt sich die Brutzeit kontinuierlich Richtung Norden bis Mexiko, wo die meisten Vögel im März, gelegentlich sogar schon ab Februar mit der Eiablage beginnen. Dies trifft auch auf alle Karibikarten zu, die sämtlich zwischen März und Juni brüten, wenn die Trockenzeit zu Ende ist.

Einige Beispiele zeigen jedoch, dass es regionale Unterschiede gibt. Die Venezuela-Amazone (*A. amazonica*) brütet in Kolumbien ab Dezember bis März. Eigentlich wäre zu erwarten, dass sie in Venezuela und auf Trinidad etwas früher mit der Brut beginnt, tatsächlich brütet sie hier aber in der Regel von April bis Juni.

Wahrscheinlich ist dies auf die bereits beschriebene Vermeidung von Konkurrenz bei den Bruthöhlen zurückzuführen, denn von der Gelbscheitelamazone (*A. ochrocephala*), mit der sie sich große Teile des Verbreitungsgebietes in Venezuela teilt, ist bekannt, dass sie bereits im Februar mit der Brut anfängt. Derselbe Effekt ist in Kolumbien bei der Salvin- (*A. autumnalis salvini*) und der Gelbscheitelamazone zu bemerken. Diese brütet hier von Dezember bis Februar, während die Salvinamazone bis März warten muss.

Die Jamaika-Amazone

hat möglicherweise als einziger Vertreterin der Gattung zwei Brutzeiten.

Von der Jamaika-Amazone (*A. collaria*) sind zwei Brutzeiten im Jahr bekannt. Die Hauptbrutzeit fällt – wie bei den anderen Karibik-Amazonen – in den Frühling, während eine zweite, weniger ausgeprägte Brutperiode im Spätsommer registriert wurde. Erklären können sich die Ornithologen diese Brutgewohnheiten nicht, denn die zweite Amazone auf Jamaika, die Rotspiegelamazone (*A. agilis*), hat nur eine Brutzeit.

Zwei Brutperioden hat möglicherweise auch die Gelbschulteramazone (*A. barbadensis*) in Venezuela. Von ihr gibt es Brutnachweise aus den Monaten April und Mai sowie aus dem November.

Die Kaiser-amazone

legt von allen Vertretern der Gattung die größten Eier.

Gelege

Die Eier aller Papageien sind wie die fast aller Höhlenbrüter weiß, da sie innerhalb des Nestes nicht vor Räubern getarnt werden müssen. Sie werden bei den meisten Arten auf zerkleinerte Holzstückchen gelegt, die das Weibchen sehr häufig von der Nestwand zum Vergrößern der Höhle abgebissen hat. Im Verhältnis zu anderen Vogelarten sind die Amazonen-Eier relativ klein. Die größten Eier legt mit 45,5 mm x 48,6 mm die Kaiseramazone (*A. imperialis*), die kleinsten die Weißstirnamazone (*A. albifrons*) mit 30,3 mm x 22,7 mm. Beides ist nicht verwunderlich, schließlich handelt es sich jeweils um den größten und kleinsten Vertreter der Gattung.

Die Gelegegröße variiert von zwei bis fünf Eiern, wobei die kleineren Arten im Durchschnitt ein etwas größeres Gelege haben als die größeren. Bei allen Amazonen dürfte aber das Normalgelege vier Eier betragen. Die einzelnen Eier werden im Abstand von drei Tagen gelegt.

Brut und Jungenaufzucht

Das Gelege wird in der Regel ab dem zweiten Ei bebrütet. Das bedeutet bei einem vollständig befruchteten Gelege, dass die ersten zwei Jungen nahezu gleichzeitig schlüpfen und die anderen dann jeweils in einem Abstand von drei Tagen. Die Brutzeit für jedes Ei beträgt zwischen 25 und 28 Tage. Nur das Weibchen bebrütet das Gelege. Es verlässt dieses auch nur für rund zehn Minuten, um außerhalb des Nestes vom Männchen gefüttert zu werden. Das Männchen verbringt bei vielen Arten die Nacht zwar auch mit in der Höhle, wärmt dabei das Gelege aber nicht. Von Beobachtungen aus Zuchten in Menschenhand weiß man, dass das Weibchen die Eier regelmäßig dreht und beim Schlupf der Küken Hilfe leistet, indem es Teile der Eischale wegknabbert, nachdem das Junge diese durchbrochen hat. Hierzu besitzen die Küken einen sogenannten Eizahn auf dem Oberschnabel, mit dem sie die Kalkschicht von innen her aufschlitzen können und der nach wenigen Tagen wieder verschwindet.

Wenn die Jungen schlüpfen, sind sie entweder nackt oder besitzen ein dünnes, haarähnliches Dunenkleid. Entsprechend müssen sie auch vom

Weibchen gehudert werden. Im Alter von zwei Wochen entwickelt sich ein dichteres Sekundärdunengefieder; das ist der Zeitpunkt, in dem die meisten Amazonen die Jungen auch nicht mehr wärmen, sondern diese für längere Zeit allein im Nest zurücklassen.

An der Dichte und Färbung kann man bei den meisten Amazonen auch erkennen, in welchen klimatischen Verhältnissen sie ihre Jungen aufziehen. Tucumán-Amazonenjunge (*A. tucumana*) entwickeln jetzt ein auffällig dichtes, graues Dunengefieder, da die Temperaturen in ihren argentinischen Brutgebieten zumindest über Nacht deutlich fallen. Denselben Schutz benötigen auch die Jungen der Soldatenamazone (*A. mercenaria*), deren Brutgebiete in Höhenlagen um 3.000 m über dem Meeresspiegel liegen. Auch sie haben ein sehr dichtes, wolliges Dunengefieder. Die Nestlinge der Rotschwanzamazone (*A. brasiliensis*) sind hingegen verhältnismäßig spärlich mit Dunen besetzt, was daran liegt, dass sie als Tieflandart in feuchtwarmen Sumpfgebieten brütet.

Während das Weibchen die ersten vierzehn Tage das Nest zwischen drei- und sechsmal nur verlässt, um sich zu entleeren oder vom Männchen mit Nahrung versorgt zu werden, beteiligt es sich jetzt nach und nach auch an der Nahrungssuche. Ältere Geschwister müssen nun die jüngeren mitwärmen, was in der Regel gut funktioniert, da die größeren Jungen beim Füttern von den Eltern bevorzugt werden. Andererseits kommt es hin und wieder vor, dass die jüngsten Küken bei der Nahrungsübergabe so sehr benachteiligt werden, dass sie aufgrund von Unterernährung eingehen.

Im Verhältnis zu anderen Vogelarten verläuft die Entwicklung bei jungen Amazonen sehr langsam, was allerdings für langlebige Tierarten nicht ungewöhnlich ist. Im Alter von drei Wochen brechen die ersten Federkiele der Flügeldeckfedern und Armschwingen auf. Eine Woche später beginnen sich die Kiele der Handschwingen zu öffnen. In der fünften Woche ist der Kopfbereich befiedert, und im Alter von sechs Wochen sieht der Nestling bereits wie eine Amazone aus, wobei allerdings noch nicht alle Federn ihre volle Länge erreicht haben. Sieben Tage später ist das Gefieder vollständig entwickelt, und die Jungen könnten ausfliegen. Dies machen sie aber bei fast allen Amazonenarten tatsächlich erst im Alter zwischen acht und neun Wochen.

Nestlinge der Soldatenamazone

haben ein dichtes Dunengefieder.

Die Jungen werden von den Eltern tagsüber anfangs zwischen zehn und fünfzehn Mal gefüttert. Diese Zahl nimmt nach und nach ab, bis etwa ab der siebten Lebenswoche nur noch zwei Fütterungen am Tag stattfinden.

Von Anfang an beteiligt sich das Männchen an der Fütterung der Jungen, wenn es zunächst allerdings doch die Hauptarbeit seiner Partnerin überlässt. Gegen Ende der Brut übergibt es aber genauso viel Nahrung an den Nachwuchs wie das Weibchen. Bei den jetzt anfallenden Futtermengen wäre es auch unpraktisch und zu arbeitsintensiv, wenn es die Nahrung erst an das Weibchen und weiter von diesem an die Jungen übergeben werden müsste.

Jungenaufzucht

Eine Weißstirn-amazone

erscheint am Nest, um die Jungen zu füttern.

Die junge Bahama-Amazone erscheint schon am Nesteingang und bettelt um Futter.

Spätestens ab der vierten Woche werden die Jungen den Tag und die Nacht über allein gelassen, was deshalb gut funktioniert, da sie still im Nest ausharren, um keine Feinde anzulocken. Von der Bahama-Amazone (*A. l. bahamensis*) weiß man, dass beide Eltern nachts in der Umgebung des Nestes schlafen.

Bemerken die Jungen allerdings, dass sich ihre Eltern dem Nest nähern, fangen sie oft schon an unruhig zu werden und betteln bereits um Futter. Sie können ihre Eltern an deren typischen Kontaktruf erkennen, der für die Bahama-Amazonen als „murmelnd" beschrieben wurde. Ist das Nest nicht allzu tief, klettern ältere Junge schon an den Nesteingang, um als Erste gefüttert zu werden. Auf die Rufe anderer Brutpaare reagieren sie nicht, sondern verhalten sich ruhig.

In der Regel sind die Eltern äußerst vorsichtig, wenn sie sich dem Nest mit den Jungen nähern. Oft landen sie erst auf einem Baum in der Nähe des Nestes, verharren dort eine Weile, bis sie sich auf den Nestbaum selbst wagen. Dann vergehen aber immer noch etliche Minuten, bis sie sich schließlich sicher sind, dass sie die Jungen gefahrlos füttern können und sich kein Nesträuber in der Nähe aufhält.

Verlassen des Nestes

Bevor die Jungen im Alter von acht bis neun Wochen ausfliegen, nehmen sie zuvor bis zu 20 Prozent ihrer Körpermasse ab, um das ideale Fluggewicht zu erreichen. Die Geschwister verlassen das Nest nicht alle gleichzeitig, sondern innerhalb eines Zeitraums von einem bis drei Tagen. Da sie dies offensichtlich nicht freiwillig machen, verbringen die Altvögel jetzt längere Zeit in der Umgebung des Nestes und versuchen, ihren Nachwuchs durch Rufen aus der Bruthöhle zu locken. Die Jungen erscheinen nun drei bis fünf Tage vor ihrem Jungfernflug am Nesteingang und inspizieren die nähere Umgebung.

Auf Abaco konnten die Feldornithologen in sieben Fällen beobachten, wie junge Bahama-Amazonen das erste Mal das Nest verließen. In allen Fällen legten sie wenigstens eine Strecke von 300 m zurück, wobei alle Jungen von den Eltern begleitet wurden.

Die Jungvögel bleiben nach dem Ausfliegen mit ihren Eltern zusammen und kehren nachts auch nicht mehr in die Bruthöhle zurück. In den ersten vierzehn Tagen kann man diese Familien im Freiland besonders gut beobachten, weil die Jungen Gefahren noch nicht richtig einschätzen können und eine geringe Fluchtdistanz haben. Die Elternvögel müssen deshalb in ihrer Nähe bleiben und versuchen oft durch Warnschreie, die Jungen zum Davonfliegen zu bewegen.

Regelmäßig betteln die Jungen die Altvögel auch um Futter an, das aber im Laufe der Zeit immer öfter verweigert wird. Von Beobachtungen an der Puerto-Rico-Amazone (*A. vittata*) weiß man, dass diese Jugendzeit gerade einmal acht Wochen ausmacht. Gegen Ende dieser Zeit werden Junge, die noch um Nahrung betteln, von den Eltern regelrecht weggebissen. Es bleibt ihnen schließlich nichts anderes übrig, als sich von den Alttieren zu trennen. Junge Puerto-Rico-Amazone schließen sich deshalb ab der neunten Woche nach dem Ausfliegen größeren Schwärmen erwachsener Vögel an.

Ob sich bei den Amazonen - wie bei vielen anderen neotropischen und australischen Papageienarten üblich - Jungvogelschwärme bilden, ist nicht bekannt. Ein Hinweis hierauf ist vielleicht eine Beobachtung aus dem Sula-Tal an der Nordwestküste Honduras. Dort kommt die Honduras-Gelbnackenamazone (*A. o. hondurensis*) vor, die durch eine gelbe Stirnfärbung und einen gelben Nackenfleck gekennzeichnet ist. Von ihr wurde in den 60er Jahren des letzten Jahrhunderts ein Schwarm entdeckt, bei dem den Vögeln das gelbe Nackenband fehlte. Die Ornithologen mutmaßten damals, dass es von dieser Unterart der Gelbscheitelamazone zwei Farbvarianten gäbe. Wahrscheinlicher ist jedoch, dass es ein Jungvogelschwarm war, da man heute weiß, dass jungen Honduras-Gelbnackenamazonen der gelbe Nackenfleck fehlt.

Die Jungen der Puerto-Rico-Amazone

verlassen die Eltern neun Wochen nach dem Ausfliegen und schließen sich größeren Schwärmen an

Die junge Goldzügelamazone

wird noch von ihrem Vater begleitet, bald aber auf sich allein gestellt sein.

Bruterfolg

Über den tatsächlichen Bruterfolg bei Amazonen gibt es nur wenige Untersuchungen. Ergebnisse liegen von der Bahama-Amazone (*A. l. bahamensis*) vor. Sie lassen erkennen, dass die Reproduktionsrate verhältnismäßig klein ist. Nur aus etwa 50 Prozent der Nester flogen überhaupt Jungvögel aus. Aber auch in diesen Nestern war jedes vierte Junge gestorben, bevor es ausfliegen konnte.

Die Fehlschläge treten insbesondere während des Bebrütens der Gelege und in den ersten drei Lebenswochen der Jungvögel auf. Die Ursachen hierfür sind vielfältig. Neben unbefruchteten Eiern spielen umweltbedingte Faktoren wie starke Regenfälle oder beschädigte Nisthöhlen eine Rolle. Hinzu kommen Verluste durch Fressfeinde und unerfahrene Brutpaare, die es nicht schaffen, ihre Jungen ausreichend mit Futter zu versorgen oder die einfach Bruthöhlen wähten, in denen der Misserfolg vorprogrammiert ist.

Bei der Kuba-Amazone (*A. leucocephala*), die in Palmen brütet, ist der Parasitenbefall der Jungen in vielen Nestern ein Problem, und die Blaustirnamazone (*A. aestiva*) hat in einigen Gebieten darunter zu leiden, dass aus Afrika eingeschleppte „Killerbienen" die Höhlen besetzen.

Ähnlich ergeht es der Puerto-Rico-Amazone (*A. vittata*), die zusätzlich noch unter der Ziegendasselfliege zu leiden hat. Bei Untersuchungen von Nestlingen war jedes vierte Junge von diesem Parasiten besetzt, wobei der Larvenbefall bei jedem dritten Nestling so stark war, dass er ohne Behandlung gestorben wäre.

Zumindest zeigte sich bei der Bahama-Amazone aber auch, dass die Paare aus Fehlschlägen lernen. Während Nester, in denen erfolgreich Junge aufgezogen wurden, das nächste Jahr wieder benutzt wurden, war dies bei keiner Höhle der Fall, in der die Brut fehlgeschlagen war.

Überlebenschancen

Das Verlassen des Nestes heißt für die jungen Amazonen leider nicht, dass sie es nun geschafft hätten. Es gibt zwar keine Statistiken hierüber, aber man schätzt, dass zwischen 30 und 60 Prozent der Jungen das erste Lebensjahr nicht erreichen.

Gefährlich werden für die jungen Amazonen insbesondere die ersten Tage nach dem Ausfliegen. Ein nicht unerheblicher Prozentsatz fällt jetzt vor allem Greifvögeln und Eulen zum Opfer, welche die Unerfahrenheit der Jungtiere ausnutzen. Dies trifft besonders Arten wie die Goldzügel- (*A. xantholora*) oder die Gelbbauchamazone (*A. xanthops*), die offenere Gebiete bewohnen, in denen die Jungen leicht von ihren Feinden entdeckt werden können.

Wanderungen

Die meisten Amazonen kann man wohl als standorttreu bezeichnen, was in der Regel bedeutet, dass sie sich ganzjährig innerhalb eines Radius von etwa 50 km aufhalten. Einige Arten führen aber auch jahreszeitliche Wanderungen durch, die nahezu ausschließlich durch die Verfügbarkeit der Nahrungsquellen bedingt sind. Zur ersten Gruppe zählen logischerweise die Amazonen der karibischen Inseln, deren Verbreitungsgebiet meist zu klein ist, um Wanderungen überhaupt zuzulassen. Auf dem mittel- und südamerikanischen Festland sind dies die Gelbschulter- (*A. barbadensis*), die Grünwangen- (*A. viridigenalis*), die Blaukappen- (*A. finschi*), die Goldmasken- (*A. dufresniana*) und die Gelbscheitelamazone (*A. ochrocephala*) und deren zahlreiche Unterarten.

Die Tucumán-amazone

zieht im Herbst in die tiefer gelegenen Gebiete der Provinz Salta.

Zur zweiten Gruppe zählen vor allem die Tucumán- (*A. tucumana*) und die Prachtamazone (*A. pretrei*). Die Tucumán-Amazone hält sich das Frühjahr und den Sommer über in den Erlen- und *Nothofagus*-Wäldern, an den Osthängen der Anden zwischen den Höhenlagen von 1.000 m und 2.200 m auf; wenn dann im Herbst aber die Witterung schlechter und vor allem die Nahrung knapper wird, zieht sie in die tiefer gelegenen Gebiete der argentinischen Provinz Salta und bleibt dort den Winter über.

Die Brutgebiete der Prachtamazone liegen im brasilianischen Rio Grande do Sul. Traditionsgemäß ziehen die Vögel während der Wintermonate in die benachbarte Provinz Santa Catarina, wo sie sich an lediglich 15 Orten sammeln. Bei Ornithologen berühmt geworden ist der Schlafplatz in der Umgebung von Aracuri, da sich hier noch bis in die 70er Jahre des letzten Jahrhunderts bis zu 30.000 Amazonen einfanden. Leider hat diese Zahl heute stark abgenommen.

Nicht ganz so spektakulär sind die Wanderungen einiger Populationen der Weißstirnamazonen (*A. albifrons*), die in Guatemala regelmäßig im Juli und August in den Ausläufern der Sierra de las Minas auftauchen, während sie den Rest des Jahres über fehlen. Am weitesten in den Süden kommt die Gelbflügel-Blaustirnamazone (*A. a. xanthopteryx*), die auf ihren Wanderungen die argentinischen Provinz Buenos Aires in Höhe des 36. Grad südlicher Breite erreicht. In Costa Rica zieht die Salvinamazone (*A. a. salvini*) im September hinauf in das Valle del General und bleibt dort bis Januar. Genau umgekehrt macht es die Granada-Amazone (*A. rhodocorytha*). Sie hält sich normalerweise in den Wäldern des brasilianischen Berglandes auf, verlässt diese aber zusammen mit der Venezuela-Amazone (*A. amazonica*), um den Winter in den tiefer gelegenen Mangroven der Küstengebiete zu verbringen.

Ähnlich macht es auch die Soldatenamazone (*A. mercenaria*), die es als Gebirgsvogel wesentlich einfacher hat, die Gebiete aufzusuchen, in denen gerade Nahrung in ausreichendem Maße zur Verfügung steht. Von ihr sind vertikale Wanderungen zwischen den verschiedenen Höhenlagen bekannt. In vielen Gebieten zieht sie nach der Brut mit ihren Jungen von 3.000 m in tiefere Lagen bis hinunter zu 800 m.

Brandrodungen zugunsten von Zuckerrohrfeldern

im Bundesstaat Tamaulipas sind eines der Probleme für mexikanische Amazonen.

Bedrohungen

Wie bereits mehrfach angeführt, sind nur noch wenige Amazonen-Arten im Freiland häufig. Die meisten Arten haben aus verschiedenen Gründen einen deutlichen Bestandsrückgang erlebt, und nicht weniger als 15 der 29 Arten sind heute im Anhang I des Washingtoner Artenschutzübereinkommens aufgelistet. Dieses Abkommen soll zwar in erster Linie den Handel mit diesen Arten kontrollieren, ist aber ein Indikator, wie es insgesamt um eine Art bestellt ist.

Bei den meisten Arten steht nach wie vor der stetig voranschreitende Verlust an Habitaten an erster Stelle der Gefährdung. Insbesondere die Wälder verschwinden im großen Maße. Die weltweiten Aufklärungskampagnen der Naturschutzorganisationen und Regierungen haben zwar örtlich die Geschwindigkeit bei der Zerstörung der verschiedenen Biotope etwas bremsen können, aber anzunehmen, dass es irgendwann zu einem Stillstand kommen könnte, ist unrealistisch. Die Gemeinschaft der Artenschützer versucht deshalb vorrangig, ausgesuchte Gebiete zu erhalten und langfristig zu schützen, in denen möglichst viele Arten vorkommen und vor der Ausrottung bewahrt werden können.

An zweiter Stelle der Gefährdungen stehen die direkten Nachstellungen durch den Menschen. Dies hat in einigen Gebieten Tradition. So ist von den Indios des Amazonasgebietes bekannt, dass die Familien bestimmte Brutbäume für sich beanspruchten, aus denen sie dann die Jungvögel holten, um sie als zahme Hausgenossen in ihren Hütten zu halten. Auf die Wildpopulationen insgesamt hatte dies keinen Einfluss.

Das änderte sich aber schlagartig, als die europäischen Siedler nach Süd- und Mittelamerika kamen. Sie nahmen die Nester oft im großen Stil aus und handelten gezielt mit den Vögeln. Da ihnen die Techniken der Indios fehlten, wurden die Höhlen meist aufgebrochen oder die Brutbäume gefällt, um an die Jungen zu kommen. Letzteres vergrößerte den Schaden für die Brutpopulation natürlich noch zusätzlich.

Viele der frühen Siedler dezimierten die örtlichen Bestände, weil sie die Amazonen als Nahrung schossen. Besonders verwerflich ist die Leidenschaft vieler Südamerikaner, auf alles zu schießen, was sich bewegt. Dies war besonders in der zweiten Hälfte des letzten Jahrhunderts weit verbreitet, aber auch heute findet man immer noch „Sportschützen", die aus Spaß am Töten auf die Papageien zielen. Beispiele hierfür sind bekannt von der Pracht- (*A. pretrei*), der Rotschwanz- (*A. brasiliensis*) oder der Blaukopfamazone (*A. arausiaca*), um nur einige Arten zu nennen.

Diese Blaukopfamazone wurde von einem „Sportschützen" erlegt.

Erschreckende Ausmaße nahm der Export nach Europa, Nordamerika und Japan im letzten Viertel des vorigen Jahrhunderts an. Millionen von Papageien wurden für den Handel gefangen, unter ihnen Hunderttausende von Amazonen. Besonders hart traf es die Populationen der Blaustirnamazone (*A. aestiva*), von der zwischen 1980 und 1992 offiziell 406.000 Vögel - hauptsächlich aus Argentinien - exportiert wurden. Rechnet man die „Verlustrate" während des Fanges, der Unterbringung in den Sammellagern der Fänger oder Zwischenhändler und des Transports sowie die illegal gehandelten Tier hinzu, kommt man leicht auf die doppelte Zahl an Blaustirnamazonen, die gefangen wurden. Deprimiert mussten dann auch die argentinischen Naturschützer in den 90er Jahren feststellen, dass die Art aus der Provinz Salta, wo sie ehemals zu den häufigsten Vögeln zählte, nahezu verschwunden war.

Der Handel mit den Blaustirnamazonen

dezimierte die Freilandbestände in der argentinischen Provinz Salta.

In Mexiko wurde mit der Grünwangen- (*A. viridigenalis*), der Blaukappen- (*A. finschi*), der Doppelgelbkopf- (*A. o. oratrix*), der Gelbwangen- (*A. a. autumnalis*) und der Weißstirnamazone (*A. albifrons*) ein riesiger Schwarzmarkt aufgebaut. Die Vögel wurden so lange zu Tausenden auf Schleichwegen in die USA geschmuggelt, bis die Bestände der ersten drei Arten so geschrumpft waren, dass sich ein Fang kaum noch lohnte.

Das Ironische an der Situation: Die Amazonen landeten nach einem langen und qualvollen Leidensweg in den Käfigen und Volieren von Haltern, die sich für Vogelfreunde hielten, sich aber keine Gedanken darüber machten, was sie den Vögeln durch den Kauf und die damit verbundene Nachfrage angetan hatten.

Heute hat der Handel mit „der Natur entnommenen" Vögeln erfreulicherweise stark nachgelassen. Trotzdem werden immer noch einige Arten legal importiert, unter ihnen auch Amazonen. Dass man diese nicht erwirbt – auch nicht aus Mitleid –, sollte selbstverständlich sein, denn nur durch einen Boykott kann der Handel mit Wildfängen ganz zum Erliegen kommen.

Königsamazonen

sind dank intensiver Schutzbemühungen heute wieder etwas häufiger auf St. Vincent zu sehen.

Schutzprojekte

Die Probleme, denen sich heute die Amazonen konfrontiert sehen, sind enorm, und oft hört man von Mitmenschen, dass der Schutz bedrohter Arten ja doch keinen Sinn mache, da ein Aussterben sowieso nicht zu verhindern sei. In gewisser Weise haben diese Zeitgenossen sogar Recht. Man wird sicher nicht die allerletzte Art retten können, aber dass der Schutz begrenzter Populationen zu gewährleisten ist, wurde heute schon von engagierten Artenschützern bewiesen.

Eine solche Person war Paul Butler. Er hat es geschafft, die Bevölkerung auf den Karibikinseln St. Vincent, St. Lucia und Dominica für den Schutz der bedrohten Königs- (*A. guildingii*), Blaumasken- (*A. versicolor*), Blaukopf- (*A. arausiaca*) und Kaiseramazone (*A. imperialis*) zu begeistern und so ihren Fang und die Vernichtung der Habitate zu stoppen. Sein Motto war: Seid stolz auf eure Amazonen und lasst sie euch nicht nehmen. Er besuchte die Schulen, verteilte Plakate, richtete eigene Radiosendungen für die Amazonen ein, ließ Schlager komponieren, besuchte entlegene Dörfer mit einem eigens dafür hergerichtetem Amazonenbus und gab eine eigene

Der Amazonenbus wird auf St. Vincent für eine Aufklärungskampagne zum Schutz der Königsamazonen eingesetzt.

Zeitung heraus, die über die Schutzaktivitäten berichtete. Heute kennt jeder auf den Kleinen Antillen diese Amazonen und weiß um ihre Bedeutung. Paul Butler arbeitet nicht mehr auf den Inseln, aber seine Nachfolger führen die Projekte in seinem Sinne fort. Die Erfolge sind sichtbar: War z.B. die Königsamazone früher auf St. Vincent fast verschwunden, kann man sie heute wieder über die Wälder fliegen sehen.

Weitere Schutzprojekte gibt es in Brasilien für die Rotschwanz- (*A. brasiliensis*), die Granada- (*A. rhodocorytha*) und die Pracht- (*A. pretrei*), in der Karibik für die Puerto-Rico- (*A. vittata*), die Kuba- (*A. l. leucocephala*), die Bahama- (*A. l. bahamensis*) und die Cayman-Amazone (*A. l. caymanensis*), auf der venezolanischen Insel Margarita für die Gelbschulteramazone (*A. barbadensis*), in Belize für die Gelbkopfamazone (*A. o. belizensis*) sowie in Mexiko für die Doppelgelbkopf- (*A. o. oratrix*), die Gelbnacken- (*A. o. auropalliata*) und die Blaukappenamazone (*A. finschi*).

Stellvertretend für alle diese Projekte sollen hier einmal der Werdegang und die Aktivitäten des Puerto-Rico-Amazonenprojektes geschildert werden. Der Niedergang der einst über die ganze Insel verbreiteten Amazone begann schon bald mit dem Eintreffen der ersten Spanier. In ihrem Zuge nahm die Bevölkerung drastisch zu, die Wälder wurden zugunsten von Anbauflächen gerodet, die Amazonen als Ernteschädlinge verfolgt und ihre Nester ausgenommen, um die Jungen als Stubenvögel zu verkaufen.

Bereits im Jahre 1959 war der Bestand auf 200 Amazonen geschrumpft, die in dem letzten Flecken ursprünglichen Waldes lebten, der als „Caribbean National Forest" zwar einen gewissen Schutz bildete, aber gerade einmal 400 ha groß war. So war es denn nicht überraschend, dass bei einer Bestandsaufnahme im Jahr 1967 gerade noch 70 Vögel gezählt wurden. Ein Jahr später - es waren nur noch 24 Exemplare vorhanden - begannen endlich die Schutzmaßnahmen. Untersuchungen erbrachten, dass eine Kombination verschiedener Ursachen den Niedergang der Population beschleunigt hatte. So waren in der näheren Umgebung des Waldes militärische Übungen durchgeführt worden, bei denen Entlaubungsmittel eingesetzt worden waren, Straßenbauarbeiten störten das Brutgeschehen erheblich und noch immer war den Vögeln nachgestellt worden. Die Forstbehörde hatte den Wald von alten Bäumen gesäubert und damit den Amazonen Bruthöhlen genommen, und Spottdrosseln machten ihnen die verbliebenen strittig.

Ein Schutzprojekt für die Gelbnackenamazone

wurde in Mexiko ins Leben gerufen.

Die ersten Aktivitäten der Naturschützer bestanden darin, künstliche, tiefe Nisthöhlen zur Verfügung zu stellen und vorhandene so zu renovieren, dass sie von den Amazonen genutzt werden konnten. 1973 begann man mit einem Zuchtprogramm - gerade noch rechtzeitig, denn in der Brutsaison 1974/75 erreichte die Population mit 14 Tieren ihren absoluten Tiefstand.

Für das Zuchtprogramm wurden solche Eier oder Jungtiere den brütenden Paaren entnom-

Ein Paar Puerto-Rico-Amazonen

hat sich eine Bruthöhle in einem Palo-Colorado-Baum ausgesucht.

men, von denen man ausgehen musste, dass sie im Freiland nicht überlebt hätten. Den ersten Erfolg konnte man 1978 erzielen, als die ersten befruchteten Eier aus der Volierenzucht Wildvögeln untergeschoben werden konnten.

Um sicher zu gehen, dass nicht der gesamte Freiland- und Volierenbestand einer Seuche oder einem Hurrikan zum Opfer fiel, wurde 1993 eine zweite Zuchtstation eingerichtet. Nach anfänglichen Schwierigkeiten erwies sich das Zuchtprojekt als erfolgreich. Heute befinden sich nahezu 160 Puerto-Rico-Amazonen in den Volieren, während der Freilandbestand die Zahl von 35 Vögeln noch nicht überschreiten konnte.

Im Jahr 2000 gelang dem Artenschutzteam aber ein weiterer Erfolg im Kampf um die Festigung der Freilandpopulation. Nach intensiven Forschungsarbeiten und vorhergehenden Versuchen mit Blaukronenamazonen (*A. ventralis*) in der Dominikanischen Republik entließ man die ersten zehn, in Menschenobhut geschlüpfen Puerto-Rico-Amazonen in die Freiheit. Zuvor hatte man sie gut auf die Bedingungen und Gefahren vorbereitet, die im Regenwald auf sie warteten. Ausgestattet waren die Vögel mit Radiosendern, die dem Artenschutzteam ermöglichten, ihre Flugrouten und Aufenthaltsorte festzustellen.

Fünf der zehn Vögel überlebten das erste kritische Jahr in Freiheit und schlossen sich dort ihren Artgenossen an. Jene, die nicht überlebt hatten, waren fast alle von Rotschwanzbussarden (*Buteo jamaicensis*) geschlagen worden, den natürlichen Feinden der Puerto-Rico-Amazone. Insgesamt war diese Freilassungsaktion als Erfolg zu werten. Drei weitere Freilassungsaktionen folgten bis heute, jeweils mit ähnlichen Ergebnissen.

Die ersten freigelassenen Amazonen zeigten sogar schon Anzeichen von Brutlust - allerdings nicht dort, wo es sich das Artenschutzteam erhofft hatte: Ein Paar kehrte 11 Monate nach seiner Freilassung zur Zuchtanlage zurück und inspizierte dort eine künstliche Nisthöhle, die im Freien angebracht worden war. Auch wenn es mit der Brut noch nicht klappte, sind die Artenschützer doch zuversichtlich, dass bald die ersten „echten" Bruterfolge im Freiland mit freigelassenen Vögeln zu verzeichnen sind.

So können Sie bedrohten Amazonen mit einer Spende helfen:

Es gibt drei Organisationen, die sich auf den Schutz bedrohter Papageien spezialisiert haben. Es sind dies der „Fonds für bedrohte Papageien", die „Fundación Loro Parque" und der „World Parrot Trust".

Für deutschsprachige Papageienfreunde bietet sich der „Fonds für bedrohte Papageien" an, der Spendengelder sehr effektiv einsetzt und auch Amazonenprojekte betreut. Nähere Informationen gibt es unter

www.papageienfonds.de

Grünwangen-amazone

Amazonen in Menschenhand

Vorbemerkungen

Wir haben uns bemüht, diesen Teil des Buches so praxisnah wie möglich zu gestalten, um Haltern und Züchtern eine Hilfestellung zu bieten, die letztendlich den Amazonen zugute kommt. Dabei sind wir uns bewusst, dass nicht alle Aspekte der Pflege, Ernährung und Zucht angesprochen werden konnten, aber wir haben versucht, die wichtigsten Grundlagen klar darzustellen.

Nicht jeder Halter und Züchter wird in der Praxis die selben Erfahrungen gemacht haben wie wir. Das zeigt aber letztendlich lediglich, dass man es bei den Amazonen immer mit Vögeln zu tun hat, die individuell reagieren, was schließlich auch ihren Reiz ausmacht.

Wir haben in diesem Buch bewusst auf einen Artenteil verzichtet, um es nicht zu überladen. Es ist jedoch geplant, die einzelnen Arten und Unterarten ausführlich und mit allen Besonderheiten in einem nachfolgenden Band zu behandeln.

In diesem zweiten Band wird dann auch ein ausführliches Literaturverzeichnis zu finden sein, das es den Haltern spezieller Amazonenarten ermöglicht, bestimmte Quellen nachzulesen oder auf die Erfahrungen anderer Halter und Züchter zurückzugreifen.

Vorüberlegungen

Die Doppelgelbkopfamazone

kann - wie nahezu alle anderen Gattungsvertreter - sehr laut sein

Überlegungen vor dem Kauf

Bevor man sich zum Erwerb einer Amazone entschließt, steht natürlich die Frage: Für welche der 29 Arten soll ich mich entscheiden?

Schon vor den Kauf sollte man ganz genaue Vorstellungen von dem neuen Tier haben, das man sich anschaffen will. Deshalb muss man sich zunächst über seine Bedürfnisse und die Voraussetzungen für eine tiergerechte Haltung informieren und dann kritisch prüfen, ob man diesen Erfordernissen auch gerecht werden kann. Erst bei einer positiven Beantwortung dieser Fragen sollte der Entschluss stehen, den Vogel oder die Vögel auch wirklich anzuschaffen. Spontankäufe ohne gründliche Vorbereitung sind grundsätzlich abzulehnen, denn man muss sich im Klaren darüber sein, dass man mit dem Erwerb einer oder mehrerer Amazonen eine Verantwortung übernimmt, die oft viele Jahre, wenn nicht Jahrzehnte andauert. Von vornherein zu denken, wenn es nicht klappe, verkaufe man das Tier wieder, ist eine verwerfliche Einstellung und darf nicht Grundlage einer sachgerechten Papageienhaltung sein. Amazonen sind lebendige Wesen, für die wir als Halter eine Verantwortung übernehmen. Die Tiere sind voll und ganz von uns abhängig. Selbst die kleinste Nachlässigkeit kann fatale Folgen haben.

Wenn man all diese Gedanken geprüft hat und zum Entschluss kommt: „Ja, ich möchte die Verantwortung für eine oder mehrere Amazonen übernehmen", muss man sich über die spezifischen Bedürfnisse der ausgewählten Art bzw. Arten informieren. Deshalb ist zusätzlich ein intensives Studium der Artenportraits im Band 2 dieses Buches empfehlenswert.

Folgende Checkliste an Informationen muss der Käufer vor einem Erwerb eines neuen Tieres durcharbeiten:

1. Kenne ich die genauen Haltungsbedürfnisse der Amazonen-Art?
2. Kann ich diese in meiner geplanten Haltung gewährleisten?
3. Kenne ich die Futterbedürfnisse der Art?
4. Kann ich dieses Futter dem Tier auch regelmäßig bieten?
5. Ist die tägliche regelmäßige Versorgung der Tiere (Fütterung, Reinigung) gewährleistet?
6. Ist eine Versorgung der Tiere auch in meiner Abwesenheit (Urlaub, Krankheit, Beruf usw.) gewährleistet?
7. Kenne ich den genauen Zeitaufwand, den ich für eine fachgerechte Betreuung des / der Tiere(s) benötige?
8. Kann ich diesen auch gewährleisten?
9. Kenne ich die Lautäußerungen der Amazonenart?
10. Sind diese für mich, meine Familie und die Nachbarschaft erträglich und zumutbar?
11. Ist im Notfall eine tiermedizinische Betreuung durch einen kompetenten Tierarzt / Tierärztin gewährleistet?
12. Kenne ich den finanziellen Aufwand, der durch die Haltung der Amazonen entsteht, und kann ich mir diesen auch langfristig leisten?

Erst wenn alle zwölf Fragen eindeutig mit „Ja“ beantwortet werden können, liegen die Voraussetzungen vor, dass man das Tier bzw. die Tiere halten kann.

Einen Vogel oder mehrere?

Die Frage, ob man eine Amazone allein hält und damit die Chance vergrößert, dass dieser Vogel auch zahm wird, oder ob man zwei oder mehrere Tiere pflegt, die dann möglicherweise immer zurückhaltend bleiben, ist heute für viele Tierschützer ein Reizthema. Oft propagieren sie die Einzelhaltung als Tierquälerei und verschließen die Augen zum einen vor unzähligen Beispielen, wo einzeln gehaltene Papageien sichtbar glücklich mit ihrem menschlichen Partner zusammenleben, zum anderen sehen sie die Bedürfnisse der Vögel aus einem subjektiv vermenschlichten Blickwinkel und erkennen nicht, dass die tatsächlichen physischen und psychischen Bedürfnisse von Tieren auf einem anderen Niveau liegen als die der Menschen. Wie so oft gibt es auch hinsichtlich der Frage, ob Einzel- oder Paarhaltung, keine alleingültige Antwort.

Allerdings sehen auch die Autoren die Einzelhaltung von Amazonen sehr kritisch. Das liegt vor allem daran, dass sie einen wesentlich größeren Aufwand und ein größeres Einfühlungsvermögen in die Psyche und Bedürfnisse der Vögel erfordert als die paarweise Haltung von Papageien. Diese können aber tatsächlich nur wenige Halter konstant genug erbringen, auch wenn oft der gute Wille vorhanden ist.

Bei der Paarhaltung haben die Amazonen jedoch einen ständig verfügbaren Sozialpartner, der bei der Einzelhaltung durch den Menschen fehlt. Ihre Haltung und Pflege und vor allem der Kontakt mit ihnen erfordert deshalb sehr viel weniger Zeit, denn der Betreuer muss keinen Sozialpartner ersetzen. Diese Haltungsform ist deshalb eindeutig risikoloser für das Wohlergehen der Vögel.

Letzten Endes muss sich jeder Halter selbst fragen, ob er es wirklich verantworten kann, seine Amazone allein zu halten. Er muss sich im klaren sein, dass er immer nur ein Ersatzpartner ist. Deshalb nochmals: Die Einzelhaltung ist nur zu rechtfertigen, wenn der Pfleger, wie oft im Fall von Personen, die nicht oder nicht mehr im Berufsleben stehen, auch wirklich mehrere Stunden täglich Zeit und Muße für seine Amazone hat. Ansonsten ist auf jeden Fall ein artgleicher Partner vorzuziehen.

Die Paarhaltung

ist im Zweifelsfall immer der Haltung einer einzelnen Amazone - hier ein Paar Blaustirnamazonen - vorzuziehen

Informationen für den Kauf

Fachzeitschriften

sind eine ausgezeichnete Informationsquelle für Halter von Vögeln

Wo kann ich mir die notwendigen Informationen über Amazonen besorgen?

Es gibt heute die unterschiedlichsten Möglichkeiten, um an Informationen über Papageien heranzukommen. Eine der besten ist immer noch, sich direkt beim Verkäufer ausführlich über die Bedürfnisse des zu erwerbenden Tieres zu informieren, sei dies im Zoofachhandel, bei einem Züchter oder vielleicht auch bei einem anderen Halter, der - aus welchen Gründen auch immer - sich von seinem Tier trennt. Allerdings sind solche Informationen nicht immer ganz objektiv, manchmal auch vom Gedanken getragen, das Tier „endlich an den Mann zu bringen", und somit oft beschönigend. Deshalb sollte eine erste Informierung umfassender sein. Dazu gehört vor allem auch, sich mindestens ein Fachbuch, wie das vorliegende, aus dem Themenkreis anzuschaffen. Dieses sollte dann für tiefer gehende Erkenntnisse nützlich sein; auch das regelmäßige Lesen von Papageien-Fachzeitschriften, wie beispielsweise der Zeitschrift PAPAGEIEN oder dem WP-Magazin, bringt viele nützliche Tipps und Anregungen für die eigene Vogelhaltung.

Hilfreiche Informationen kann man sich heute auch über das Internet besorgen, zum einen auf Seiten, die über einzelne Papageien berichten, zum anderen über sogenannte Diskussionsforen, in denen man gezielt Fragen stellen kann. Ein Blick in diesen Bereich lohnt sich zumindest.

Besucht man regelmäßig oder auch nur gelegentlich einen der zahlreich in Deutschland bestehenden Papageien-Stammtische oder die Versammlung eines örtlichen Vogelzuchtvereins, kann man auch hier wertvolle Tipps von „alten Hasen" in der Papageienhaltung bekommen.

Wo kaufe ich meine Amazone?

Fühlt man sich dann für die Neuanschaffung einer Amazone richtig vorbereitet, stellt sich die Frage: Woher beziehe ich meine Tiere?

Grundsätzlich ist dazu zu sagen, dass der Vogelkauf auch zu einem Grossteil eine Vertrauenssache ist, und deshalb sollte man sich an ein Zoofachgeschäft oder einen Züchter seines Vertrauens wenden, um eine Neuerwerbung zu tätigen. Viele Papageienliebhaber mussten beim Erwerb von Vögeln schon Lehrgeld zahlen, da ihnen alte, scheue oder kranke Tiere „angedreht" wurden. Deshalb sollte man auf der Hut sein und nur bei einer Person kaufen, von der man weiß oder wenigstens das Gefühl hat, der abzugebende Vogel und nicht der Preis stehen im Vordergrund.

Es hat sich bewährt, einen Kaufvertrag abzuschließen, in dem die vom Verkäufer angepriese-

Tipp 1: Beim Erwerb einer neuen Amazone sollte man grundsätzlich auf Wildfänge verzichten und nur auf in Menschenobhut nachgezüchtete Papageien zurückgreifen.

Tipp 2: Fachgerecht handaufgezogene Amazonen sind zahme Tiere, die sich jung erworben bestens als Hausgenossen eignen. Hierzu mehr unter dem Kapitel „Handaufzucht".

nen Eigenschaften wie Alter, Zahmheit oder Gesundheit auch einzeln aufgeführt sind. Wichtig ist auch, das Kennzeichen des Tieres - Ringnummer oder Mikrochip - auf diesem Kaufvertrag anzugeben. Stellt sich nach dem Kauf heraus, dass die zugesagten Eigenschaften nicht vorhanden sind, hat man zumindest etwas schriftlich in der Hand, was bei einer gerichtlichen Auseinandersetzung auf jeden Fall sehr nützlich sein kann.

Bei einem Kauf sind unbedingt die rechtlichen Bestimmungen zu beachten. Für bestimmte Arten benötigt man neben dem CITES-Dokument auch eine Befreiung vom Vermarktungsverbot. Notfalls sollte man bei seiner zuständigen Naturschutzbehörde oder bei einem Veterinäramt nachfragen.

Neben den Bezugsquellen des Zoofachhandels oder des Züchters kann man auch den Erwerb eines Secondhand-Vogels in Betracht ziehen. Oft werden Vögel aus unterschiedlichen Gründen vom Vorbesitzer abgegeben. Diese werden dann meist im Kleinanzeigenteil der Lokalzeitung inseriert oder im Tierheim abgegeben. Es lohnt sich immer, hier nachzufragen, denn auch diese Vögel können, wenn sie zahm sind, zu guten Hausgenossen werden oder zur Vergesellschaftung eines schon vorhandenen Tieres hinzugeholt werden.

Auch der Anzeigenteil in Vogelfachzeitschriften bietet eine gute Möglichkeit, Vogelhalter oder Züchter zu finden, die die gesuchte Amazonenart abgeben. So enthält zum Beispiel die deutschsprachige Zeitschrift PAPAGEIEN regelmäßig eine Fülle von Anzeigen.

Bei bestimmten Amazonen wie der Granada-Amazone sind beim Kauf weitergehende rechtlichen Bestimmungen einzuhalten.

Käfige mit Drahtboden

eigenen sich hervorragend für die Quarantäne von Amazonen; das Bild zeigt eine Prachtamazone (A. pretrei)

Eingewöhnung neuer Amazonen

Bevor die neu erworbene Amazone in ihre als Dauerunterbringung vorgesehene Behausung gebracht werden darf, stellt sich die Frage, ob eine „Quarantäne" notwendig ist. Hier sind zwei Dinge zu bedenken: Ist der neue Vogel das einzige Tier beim neuen Besitzer, so erübrigt sich eine separate Quarantäneunterbringung. Man kann den Vogel dann gleich in die für ihn vorgesehene neue Behausung bringen und hier eingewöhnen.

Kauft man aber einen Vogel und besitzt schon andere Tiere, ist die Amazone auf jeden Fall zunächst separat unterzubringen. Eine Eingewöhnung in die endgültige Behausung erfolgt dann erst nach Ende einer sechswöchigen Quarantänezeit, in der der Vogel auch von einem fachkundigen Tierarzt untersucht werden sollte.

Für die Quarantäne braucht man in der Regel keine speziell eingerichtete Station. Wichtig ist meist lediglich, dass der Vogel so separat von dem bisherigen Bestand untergebracht wird, dass er im Falle einer versteckten Erkrankung andere Tiere nicht infizieren kann.

Bewährt hat sich insbesondere die Unterbringung in einem reinen Gitterkäfig, bei dem auch der Boden aus Maschendraht besteht. Dies ermöglicht vor allem die bessere Beobachtung des Kots, dessen Beschaffenheit neben anderen Krankheitszeichen oft schon Informationen über den Gesundheitszustand des Vogels gibt. Näheres sollte man aber auf jeden Fall mit einem Tierarzt besprechen.

Die Eingewöhnung einer einzelnen Amazone in eine neue Umgebung ist meist unproblematisch. Der wichtigste Punkt ist, dass der Vogel schnell die Futter- und Wasserquellen erkennt und diese auch nutzt. Es hat sich bewährt, einige halbe Äpfel in der Höhe der Sitzstangen anzubringen, denn diese Futtermittel werden gerne genommen, und somit ist der Bann bald gebrochen. Falls der Vogel die Futterschüsseln nicht findet, kann man die Äpfel nun immer näher in Richtung der Schüsseln und letztendlich daneben anbringen. Diese Methode wird fast jeden Vogel ans Futter bringen.

Tipp 3: Wenn Sie eine Amazone erwerben, lassen Sie sich vom Vorbesitzer noch Futter für die ersten Tage mitgeben, damit das Tier wenigstens in der Anfangsphase, in der es sich an die neue Umgebung gewöhnen muss, nicht zusätzlich neben der Umgebungsänderung auch eine Futterumstellung mitmachen muss.

Wird der neue Papagei im häuslichen Umfeld gehalten - beispielsweise im Wohnzimmer in einer Zimmervoliere -, ist darauf zu achten, dass sich diese nicht direkt neben dem Fernsehgerät oder der lauten Stereoanlage befindet. Der Betrieb solcher Gräte kann das Wohlbefinden der Tiere doch erheblich beeinträchtigen, da Vögel andere Frequenzen hören als Menschen.

In Zimmervolieren gehaltene Amazonen sollten regelmäßig Freiflug im Zimmer erhalten, um ihre Flügel trainieren zu können und um damit auch ihre Fitness zu erhalten. Allerdings sollte diese Möglichkeit nicht sofort in den ersten Eingewöhnungstagen gegeben werden. Die ersten Tage muss die neue Amazone Gelegenheit haben, von ihrer neuen Behausung aus die Umgebung kennenzulernen. Hierzu gehört auch die Einplanung eines festen Fütterungsrhythmus, der dann künftig immer eingehalten werden sollte. Wenn der Vogel genau weiß, wann und wo er regelmäßig sein Futter bekommt, wird er nach dem ersten Freiflug auch selbst wieder in die Voliere zurückklettern, sobald er hungrig ist, um dort zu fressen. Die erste Freiflugstunde sollte daher erst nach einigen Tagen gewährt werden.

Neue Tiere benötigen immer auch etwas Zeit, um sich an ihre neuen Betreuungspersonen zu gewöhnen. Es muss zwischen Vogel und Pfleger ein Vertrauensverhältnis aufgebaut werden. Dies braucht aber Zeit und geht nicht innerhalb weniger Tage.

Vergesellschaftung

Hat man nun aber einen zweiten Papagei zu einem schon vorhandenen Tier als Partner angeschafft, ist die Vergesellschaftung beider Tiere vorsichtig anzugehen. Am besten ist es in diesem Fall, die beiden Tiere auf Sichtweite in zwei direkt nebeneinander liegende Gehege zu setzen. Hier können sie den ersten Kontakt zueinander aufnehmen. Erst nach etwa einer Woche Gewöhnungszeit bringt man die beiden Tiere auf „neutralem Boden“ zusammen. Dies geschieht am besten in einem neu eingerichteten Gehege, Vogelzimmer oder einer Voliere, die keines der Tiere kennt, damit keiner einen Heimvorteil hat. Je jünger die zu vergesellschaftenden Amazonen sind, desto einfacher ist diese Angelegenheit und desto weniger Aggressionspotential haben die Tiere.

Ein Eingewöhnungskäfig

vor der eigentlichen Voliere erleichtert die Verpaarung von Amazonen

Bei älteren Vögeln ist dies oft alles etwas schwieriger, erfreulicherweise aber nicht immer. Man kann Glück haben und zwei Tiere verstehen sich auf den ersten Blick. Amazonen haben oft auch

Tipp 4: Steht bei einer Paarzusammenführung nur eine Voliere zur Verfügung, sollte man die neue Amazone in dieses Gehege einfliegen lassen, zuvor aber den schon vorhandenen Vogel herausfangen und in einen kleinen Käfig setzen. Dieser Käfig wird entweder von außen direkt an das Gitter gehängt oder innerhalb der Voliere aufgehängt. Das neue Tier wird hier nun ein paar Tage Zeit haben, sich an die neue Umgebung zu gewöhnen, bevor es mit dem schon aus dem Käfig bekannten vorgesehenen Partner zusammen kommt. Diese Methode bietet eine hohe Erfolgsquote der Verpaarung.

Vergesellschaftung

Diese Blaukappenamazonen

sind ein schönes Beispiel für eine gelungene Verpaarung von Amazonen

ihren eigenen Willen und Charakter und nicht immer sind die vom Menschen zur Verpaarung vorgesehenen Tiere auch jene, die zueinander passen. Dies wird dann meist recht schnell klar, wenn beispielsweise anstatt Sozialkontakten wie gegenseitige Gefiederpflege oder enges Beisammensitzen lediglich aggressives Verhalten wie Beißen und Hacken zu beobachten sind.

Will man eine neue Amazone in eine vorhandene artgleiche oder in eine artgemischte Gruppe integrieren, besteht die beste Möglichkeit einer problemlosen Integration, indem man das neue Tier in einen Käfig setzt und diesen innerhalb des Geheges der Gruppe anbringt. Dabei sollte der Käfig so hoch wie möglich positioniert werden, um dem neuen Tier den perfekten Überblick zu gewähren. Nach ein paar Tagen kann man dann den „Neuen" in die Gruppe entlassen.

Dabei muss man aber zunächst immer sehr genau beobachten, wie die Gruppenmitglieder reagieren, um im Notfall eingreifen zu können. Wird der Neuling nicht attackiert, ist alles klar. Gibt es aber ein Gruppenmitglied, das den neuen Vogel bedrängt, wird dieses einfach herausgefangen und für ein paar Tage in den Käfig gesetzt, bis es sich beruhigt und sich der „Neue" gut eingewöhnt hat.

Eine Warnung zum Schluss: Auch wenn dies von einigen „Papageienexperten" gerne anders propagiert wird, lassen sich leider nicht alle Amazonen verpaaren. Dies sind erfreulicherweise nicht viele und in der Regel solche Tiere, die über Jahre hinweg als Einzelvögel gehalten oder einzeln und ohne Sozialisation per Hand aufgezogen wurden. Solche fehlgeprägten Tiere können oft mit Artgenossen nichts mehr anfangen und leiden letztlich unter einer „Zwangsverpaarung", die ja eigentlich ihre Lebensqualität verbessern sollte.

Tipp 5: In der Eingewöhnungszeit neuer Vögel sollte man sich immer sehr viel Zeit zur Beobachtung nehmen. Deshalb eignen sich für solche Vorhaben meist die Wochenenden oder die Urlaubszeit, denn man darf neue Tiere, die zu einem Partner oder in eine Gruppe gebracht werden, in der ersten Zeit nicht aus den Augen lassen, um im Falle einer Unverträglichkeit gleich eingreifen zu können.

Ein Käfig in der Wohnung

sollte so geräumig wie möglich sein

Die Haltung von Amazonen

Waren früher in der Papageienhaltung die Verwendung von Fußketten oder die Unterbringung in kleinen runden Käfigen üblich, sollten diese Beispiele der Papageienhaltung ein für alle Mal vorbei sein.

Der Trend einer tiergerechten Haltung geht heute in die Richtung „je größer desto besser“, denn je mehr „Lebensraum“ die Tiere haben, desto wohler fühlen sie sich.

Wohnungshaltung

Die Haltung von Amazonen in Käfigen, die meist im Wohnzimmer stehen, ist nur dann akzeptabel, wenn die in ihnen untergebrachten Tiere täglich mehrere Stunden lang Gelegenheit haben, diese zu verlassen und ihrem natürlichen Bewegungsdrang durch Rundflüge im Zimmer nachzukommen.

Die Größe des Käfigs sollte so gewählt werden, dass die Amazone wenigstens zwei bis drei Flügelschläge machen müsste, um von einem Sitzast zum anderen zu kommen. Das machen allerdings nur die wenigsten Tiere; die überwiegende Mehrheit klettert. Deswegen sollte der Käfig auch Quergitter besitzen, die diese Aktivität unterstützen. Die auch heute noch gelegentlich im Handel zu findenden Rundkäfige, denen fälschlicherweise nachgesagt wurde, die sogenannte „Drehkrankheit“ zu verursachen, haben „lediglich“ den Nachteil, dass sie einfach zu klein sind und das Klettern erschweren. Zudem hat sich die Drehkrankheit, bei der die betroffenen Vögel zwanghaft den Kopf Richtung Rücken verdrehen, als eine Erkrankung des Zentralnervensystems herausgestellt. Wie dem auch sei, auch für den Käfig gilt: Je größer, desto besser, und ein Mindestmaß von 80 cm Länge, 40 cm Breite und 60 cm Höhe sollte auch dann nicht unterschritten werden, wenn der Vogel seinen täglichen ausgiebigen Freiflug erhält.

Freiflug auch in der Wohnung

ist für alle Amazonen - hier eine Blaustirnamazone - unerlässlich

Hierbei hat es sich bewährt, neben den Käfig auch noch einen Kletterbaum im Zimmer aufzustellen, den der Vogel gerne als Anflugpunkt nutzen wird und somit andere Einrichtungsgegenstände im Zimmer eher verschont.

Das Trainieren der Flugmuskulatur ist sehr wichtig, denn allzu schnell verfetten Papageien, die zu wenig Bewegungsmöglichkeiten haben. Mit der Verfettung nimmt dann gleichzeitig auch der Bewegungsdrang ab und es beginnt ein Kreislauf, der den Gesundheitszustand immer schlechter werden lässt. Es ist sehr schwer, solche Papageien wieder auf „Normalgewicht" zu bringen. Da gerade Amazonen dazu neigen, übergewichtig zu werden, sind ausreichende Bewegungsmöglichkeiten das A und O für ihre Gesunderhaltung.

Gefahrenquellen

Bei der Wohnungshaltung sind gewisse Gefahrenpotentiale für Vögel zu bedenken. So sollte man Amazonen immer nur unter Aufsicht den Freiflug im Zimmer gewähren, denn unbeaufsichtigte Papageien beknabbern gerne Gegenstände. Wird dabei der teure Wohnzimmerschrank zerkleinert, schadet dies meist nur dem Besitzer des Vogels und nicht dem Tier selbst. Werden jedoch beispielsweise Elektrokabel angebissen, kann dies leicht den Tod des Tieres durch Stromschlag bedeuten.

Freiflug in der Küche bedeutet immer ein erhöhtes Risiko während des Kochens, da heiße Herdplatten Verbrennungsgefahr bedeuten. Ebenso ist kochendes Wasser lebensgefährlich für jedes Tier, das damit in Berührung kommt. Nicht vergessen werden dürfen die mit Teflon beschichteten Pfannen und Töpfe, deren giftige Gase schon manchem Vogel das Leben gekostet haben.

Fenster, die nicht durch Gardinen oder Vorhänge geschützt sind, stellen eine sehr hohe Gefahrenquelle dar, da Vögel das Glas meist nicht sehen und es dann oft zu Frontalzusammenstößen kommt, bei denen sich die Tiere leicht das Genick brechen oder ein tödliches Schädeltrauma davontragen.

Giftige Zimmerpflanzen bedeuten ebenfalls ein Risiko, da Amazonen gerne Pflanzen anknabbern. Leben Raucher in der Familie, so schädigen diese sich nicht nur selbst, sondern auch die mitbewohnenden Papageien, da diese als „Passivraucher" ebenfalls dem Zigarettenrauch ausgesetzt sind. Da Vögel neben der Lunge noch ein Luftsacksystem haben, ist Zigarettenrauch besonders schädlich für sie und hinterlässt starke Schäden, die bei extremer Belastung zum Tod führen können. Leider ist wenig bekannt, dass Raucherlungen bei Vögeln, die im Wohnbereich von Rauchern gehaltenen werden, keine Seltenheit sind.

Eine zu trockene Wohnungsluft ist ebenfalls schädlich für Papageien, da sie der Aspergillose, einer weit verbreiteten Pilzerkrankung, Vorschub leistet. Im Bedarfsfall ist für ausreichende Luftfeuchtigkeit mittels Luftbefeuchter zu sorgen. Unregelmäßige Lichtverhältnisse durch künstliche Lichtquellen sind den Amazonen ebenfalls nicht zuträglich. Deshalb hat es sich bewährt, Tiere, die in einem Käfig im Wohnzimmer leben, abends mit einem großen Tuch abzuhängen, um Störungen der Nachtruhe durch Licht und beispielsweise wechselnde Bilder des Fernsehens zu vermeiden.

Vogelzimmer

Wird nur ein Tier gepflegt, ist es ratsam dieses im oft frequentierten Bereich der Wohnung unterzubringen, damit die Amazone auch genügend Abwechslung bekommt. Sobald aber mindestens zwei Amazonen zusammengehalten werden, stellt das eigene Vogelzimmer eine ideale Haltungsform für die Vögel dar. Dieses kann man abwechslungsreich gestalten, verschiedene Kletterbäume einbringen und Seile als bewegende Elemente spannen. Der Phantasie sind hier keine Grenzen gesetzt, und der Halter sollte ruhig etwas experimentieren, bis er herausgefunden hat, was seine Tiere bevorzugen.

Das Vogelzimmer bietet in erster Linie durch seine Größe geeignete Flugmöglichkeiten für die Amazonen. Deshalb gilt auch hier: Es darf nicht so mit Ästen und anderen Dingen vollgestopft werden, dass die Amazonen mangels Möglichkeit oder Bequemlichkeit nicht mehr in ihm fliegen, sondern nur noch klettern.

Tipp 6: Sie können ein Amazonengehege gar nicht groß genug bauen. Nutzen Sie schon in der Planungsphase jeden Zentimeter aus, um das Gehege möglichst groß zu gestalten. Die späteren Bewohner, werden ihnen das dann durch abwechslungsreiches und interessantes Verhalten danken, denn in einem großen Gehege können sie sich einfach besser ausleben und fühlen sich dadurch deutlich wohler.

Die Unterbringung in einer Außenvoliere

ist die ideale Haltungsform für Amazonen; das Bild zeigt ein Paar Venezuela-Amazonen (A. amazonica)

Haltung in der Außenvoliere

Die optimale Unterbringung für Amazonen ist sicherlich nicht die Unterbringung innerhalb der Wohnung, sondern ist eine kombinierte Unterbringung, wobei die Papageien die Möglichkeit haben sollten, ihren Aufenthaltsort frei zu wählen. Eine Freivoliere im Garten (oder auf dem Balkon) mit angrenzendem Schutzhaus stellt, wenn die Größe des Geheges entsprechend der Amazonenart gewählt ist, zweifelsohne die optimale Unterbringungsmöglichkeit für diese dar.

Eine Freivoliere bietet den Vögeln die Möglichkeit, sich den Umweltfaktoren wie Luft, Licht, Sonne, Wärme, Kälte, Regen usw. auszusetzen. Dies fördert im normalen Rahmen die Gesundheit und Widerstandskraft der Tiere. Ablesen kann man dies unter anderem im Gefiederzustand. Die Federn glänzen viel stärker als die von Tieren, die in einer reinen Innenhaltung leben.

Starke Sonnenbestrahlung

ist ungesund für die Amazonen, da auch sie einen Hitzschlag bekommen können; wie diese Kuba-Amazone (A. l. leucocephala) müssen die Vögel auch schattige Bereiche aufsuchen können.

Insbesondere wenn die Vögel noch einen angrenzenden Innen- bzw. Schutzraum haben, den sie bei schlechtem Wetter aufsuchen können, ist diese Haltungsform mit Abstand die beste und gesündeste.

Tipp 7: Hält man Amazonen in Außenvolieren, sollte man diese auf jeden Fall so gestalten, dass sie Schadnagern wie Mäusen und Ratten nicht die Möglichkeit bieten, ins Gehege gelangen zu können. Ebenfalls ist zu beachten, dass die Anlage Schutz vor Greifvögeln und Eulen bietet, die oftmals in der Nacht Attacken gegen die Voliereninsassen fliegen und dabei für große Unruhe sorgen können. Auch Katzen verursachen gelegentlich Störungen und sollten in der Planung des Geheges berücksichtigt werden.

Tipp 8: Man sollte nicht den Fehler begehen, die Tiere der direkten Sonnenstrahlung auszusetzen. Es ist unbedingt darauf zu achten, dass die Amazonen auch in einer reinen Freivoliere immer die Möglichkeit haben, ein schattiges Plätzchen aufzusuchen, denn auch Vögel können in der prallen Sonne einen Hitzeschlag bekommen.

Einen guten Kompromiss stellt auch eine kombinierte Haltungsmöglichkeit dar. In den Frühjahrs- und Sommermonaten werden die Amazonen in eine reine Freivoliere gesetzt, und sobald die ersten kalten Herbsttage anbrechen, nimmt man sie wieder ins Haus und „überwintert“ sie bei behaglichen Temperaturen.

Zahme Hausgenossen, die gänzlich oder jahreszeitlich als Wohnungstiere gehalten werden, genießen es ebenfalls, an warmen Tagen nach draußen gebracht zu werden. Bei solchen Tieren ist es auch möglich, sie morgens in die Freivoliere zu bringen und am Abend wieder ins Haus zu holen. Während sich zahme Hausgenossen recht schnell an diese Prozedur gewöhnen, sollte man scheuen Tieren dieses tägliche Umsetzen nicht zumuten.

Warnen möchten wir in diesem Zusammenhang hier ausdrücklich vor den sogenannten „Papageiengeschirren“, die in jüngster Zeit regelmäßig im Handel und im Internet angeboten und angepriesen werden. Diese bestehen aus Kopf-, Brust- und je einem Flügelriemen, wobei der Kopfriemen den Hals umschließt. Verbunden ist diese Konstruktion mit einer Leine, und ihr Zweck ist es, den Vogel „fluchtsicher“ mit ins Freie nehmen zu können. Tatsächlich mag sich der eine oder andere zahme Papagei dieses Geschirr auch anlegen lassen, bei der überwiegenden Mehrheit dürfte dieser Vorgang aber so mit Stress verbunden sein, dass allein das Ausprobieren eine Quälerei darstellt.

Volierenbau

Der Bau einer Voliere, sei diese nun eine reine Innenvoliere im Wohnzimmer, eine Freivoliere im Garten oder eine Kombination aus Innen- und Außenvoliere, erfordert ein wenig handwerkliches Geschick. Heutzutage gibt es aber auch eine ganze Reihe von Fachhändlern, die Fertigprodukte - auf Wunsch aber auch maßgeschneiderte Volieren - für alle Arten von Vögeln im Angebot haben. Ein Blick in die entsprechenden Fachzeitschriften oder ins Internet gibt darüber ausführlich Aufschluss.

Für eine umfassende Anleitung zum Bau von Volieren ist hier leider nicht genügend Platz; deshalb möchten die Autoren an dieser Stelle auf einschlägige Buchpublikationen sowie Beiträge in den Zeitschriften PAPAGEIEN und WP-Magazin hinweisen. Dennoch sollen einige wichtige Punkte erwähnt werden, die beim Bau von Volieren zu beachten sind:

Zimmervolieren

Nicht jede im Handel angebotene Zimmervoliere ist auch für Amazonen geeignet. Da der Platz im Haus für eine Voliere meist begrenzt ist, fallen die meisten Innenvolieren für eine Dauerunterbringung ohne zusätzlichen Freiflug im Zimmer zu klein aus. Oft ist es aber gar nicht schwierig, sich eine für die eigenen Raumverhältnisse maßgeschneiderte Zimmervoliere selbst zu bauen.

Wenn man sich im Fachhandel umschaut, kann man einige, eigentlich für den Einsatz im Freien gedachte Volierenteile finden, die als Zimmervolieren genutzt werden können. Diese müssen natürlich so geplant und konstruiert werden, dass auch der Freiflug im Zimmer ohne große Umstände für die Tiere gewährleistet ist. Das bedeutet vor allem große Türen, aus denen die Amazonen zum Flug im Zimmer starten können und durch die auch der Rückweg in die Voliere wieder gut zu finden ist.

Als Bodenplatte eignet sich meist eine mit Kunststoff beschichtete Holzplatte, die man sich im Holzfachhandel zurechtschneiden lässt und auf die dann die Voliereteile geschraubt werden. Solche Platten eignen sich auch als Rückenwand oder Seitenteile.

Diese Zimmervoliere

wurde extra für die zwei Panama-Amazonen angefertigt

Amazonen verursachen in der Wohnungshaltung auch Schmutz. Vor allem wird der Sand aufgewirbelt, der als Bodenbelag in viele Volieren benutzt wird. Deshalb sollte gerade im Bodenbereich eine etwa 20 cm hohe Plexiglasscheibe dafür sorgen, dass dieser nicht ungehindert ins Zimmer gelangt. Dabei muss aber immer auch auf eine gute Reinigungsmöglichkeit geachtet werden.

Fahrbare, mit Rollen ausgestattete Volieren bieten den Vorteil, dass man die Behausung samt Tieren an schönen Tagen auch einmal auf den Balkon oder die Terrasse schieben kann.

Fundament und Seitenteile für eine neue Außenvoliere

im Loro Parque auf Teneriffa

Bau von Außenvolieren

Eine Außenvoliere sollte so groß wie möglich gebaut werden, um den Tieren viel Flugraum zu bieten. Das bedeutet in einigen Fällen aber auch, dass eventuell eine Baugenehmigung von der örtlichen Baubehörde eingeholt werden muss, insbesondere dann, wenn die Voliere ganz oder zum Teil überdacht werden soll. Am besten erkundigt man sich im Vorfeld der Planung, was erforderlich ist.

Üblicherweise wird für eine stabile Voliere ein Fundament betoniert, das etwa 70 cm bis 80 cm in den Boden reichen und 20 cm bis 30 cm aus diesem herausschauen sollte.

Der Boden der Voliere kann vollständig betoniert sein, was eine einfache Reinigung ermöglicht. Hierbei ist aber darauf zu achten, dass Wasser noch abfließen kann.

Als Alternative bieten sich Betonplatten an, die im Fachhandel zu erwerben sind. Sie werden so ausgelegt, dass zwischen den einzelnen Platten noch eine kleine Fuge bleibt, in der das Wasser abfließen kann. Auf diese Unterlage kann eventuell eine mehrere Zentimeter dicke Sandschicht aufgeschüttet werden. Diese ist zwar nicht zwingend notwendig, bietet aber optische Vorteile und ist natürlicher als ein reiner Zementboden. Kot und herabfallende Futterreste lassen sich mit einer Harke leicht sammeln und entfernen. Einmal jährlich sollte diese Sandschicht aber ausgewechselt werden.

Eine Alternative zur Sandschicht sind Granulat oder Kieselsteine. Sie wirken ebenfalls nicht so steril wie ein Betonboden und lassen sich mit einem Wasserschlauch ebenfalls gut reinigen.

Wird Naturboden verwendet, sollte man zuvor ein sehr feinmaschiges Drahtgeflecht in den Boden einlassen, bevor man wieder die Erde darüber gibt, damit sich keine Raubsäuger oder Mäuse einen Weg von unten in die Voliere bahnen können. Dies ist besonders dann wichtig, wenn man auf ein ausreichend tiefes Fundament verzichtet.

Die Rahmen der Volierenkonstruktion können aus Holz oder aus Metall bestehen, wobei der Metallkonstruktion eindeutig der Vorzug gegeben werden sollte, da sie nahezu unverwüstlich und auch standhaft gegenüber den Schnäbeln der nagefreudigen Amazonen ist.

Wählt man Holzbalken, ist das Holz mit einem Drahtgeflecht oder dünnen Metallplatten vor den Amazonenschnäbeln zu schützen. Da Holzbalken imprägniert sein müssen - sie würden sonst zu schnell verrotten -, sollte man sich ebenfalls vergewissern, dass das Imprägnierungsmittel nicht giftig für die Tiere ist.

Das Gehege kann ganz aus Maschendraht bestehen, wobei sich eine Maschenweite von 16 x 16 mm oder 19 x 19 mm als gut geeignet für Amazonen herausgestellt hat. Ein größeres Quadrat von 25 x 25 mm ist zwar auch für Ama-

Diese Gartenvoliere für Amazonen

ist idyllisch in den Garten integriert worden

Tipp 9: Baut man mehrere Volieren nebeneinander, muss man immer Doppelgitter mit einem Mindestabstand von 10 cm benutzen, damit es nicht zu Verletzungen zwischen den Tieren der einzelnen Volieren kommt, da gerade Amazonen während der Brutzeit gegenüber anderen Amazonen oder Papageien sehr aggressiv werden können. Ein 50 cm bis 80 cm breiter Steifen aus ungiftigen Pflanzen bringt die Natur ins Gehege, da die Pflanzen von außen hineinwachsen und den Vögeln somit Beschäftigungsmöglichkeiten und eine natürlichere Umgebung bieten, in denen sie sich wohlfühlen.

Auch nichttransparente Zwischenwände haben sich bewährt, da sich die Amazonen nicht gegenseitig sehen und ein beiderseitiges Anfeinden bei Sichtkontakt vermieden wird.

zonen geeignet, erlaubt aber vor allem auch Raubtieren wie Nachtgreifvögeln einen besseren „Zugriff" auf die Volierenbewohner. Wiesel können bei dieser Maschenweite sogar eindringen, und Schadnager wie Ratten haben ebenfalls einen ungehinderten Zugang. Dies sollte vermieden werden.

Als Sonnenschutz an heißen Tagen, aber auch als Regenschutz bei schlechterem Wetter sollte mindestes ein Drittel der Voliere abgedeckt sein. Dies kann durch Eternitplatten oder auch durch getönte Plastikdächer geschehen. Zusätzlich sollten mindestens zwei Seiten der Voliere so abgedeckt sein, dass ein Windschutz für stürmische Tage entsteht.

Bei einer kombinierten Innen- und Außenvoliere ist für den Innenraum, sofern er sich nicht bereits in einem schon bestehendem Gebäude befindet, auf jeden Fall eine Baugenehmigung einzuholen. Einzelheiten über den Bau sollten mit einem

Blick in den Innenbereich

einer kombinierten Außen- und Innenvoliere, bei der die Wände farbig gestaltet wurden

Fachmann besprochen werden. Wichtig ist vor allem, den Innenraum so zu isolieren und mit einer Heizung auszustatten, dass Temperaturen von mindestens 10°C bis 15°C erreicht werden können, um den Tieren an kühleren Tagen oder den Winter über immer wieder die Möglichkeit zu geben, sich aufzuwärmen.

Um den Wärmeverlust im Innenraum in der kälteren Jahreszeit so gering wie möglich zu halten, sollte die Durchflugöffnung zwischen Innen- und Außenbereich nicht mehr als zwanzig bis dreißig Zentimeter Höhe und Breite betragen. Für die wärmere Jahreszeit kann man evtuell eine größere Türe zwischen den beiden Bereichen einplanenen, um so auch den direkten Durchflug zu ermöglichen.

Zusätzlich sollte die Durchflugöffnung mit einer Klappe versehen und so konstruiert werden, dass sie von außen geöffnet bzw. geschlossen werden kann. Dies soll Störungen der Amazonen verhindern und lässt sich in der Regel einfach durch einen Seilzug erreichen.

Auch der Innenbereich sollte hell und freundlich gestaltet sein. Eine grüne oder farbige Wandbemalung ist für die Tiere weitaus angenehmer als eine eintönig weiße. Nistkästen zur Zucht sollten stets im Innenbereich angebracht sein, da gerade im Frühjahr, wenn die Brutzeit beginnt, die Temperaturschwankungen drinnen nicht so extrem sind, wie dies draußen gelegentlich der Fall ist. Während der kürzeren Tage sollte im Innenbereich eine zusätzliche Beleuchtung installiert sein. Dazu haben sich Neonröhren mit Tageslichtspektrum bestens bewährt. Eingeschaltetes Licht im Innenraum veranlasst auch die meisten Papageien, diesen abends bei Dämmerung zum Übernachten aufzusuchen. Auch sollte stets nur im Innenraum gefüttert werden, damit die Vögel bei schlechterem Wetter, wenn sie drinnen bleiben müssen, keine Veränderung der Fressgewohnheiten haben.

Platz zum Fliegen

muss in jeder Voliere gewährleistet sein; links eine geräumige Voliere für Weißstirnamazonen (A. albifrons)

Einrichtung der Voliere

Von ganz entscheidender Bedeutung für das Wohlbefinden der Amazonen ist die Einrichtung der Voliere, des Lebensraumes, in dem sich die Tiere aufhalten. Ein noch so großes Gehege verfehlt seinen Zweck, wenn es nicht durch seine Einrichtung den Bewohnern erlaubt, ihre natürlichen Verhaltensweisen auszuleben. Deshalb ist dieses Kapitel für den Papageienhalter besonders wichtig, da er hier erfährt, wie er das Wohlbefinden seiner Papageien durch einfache Maßnahmen steigern kann.

Zunächst sollte man sich überlegen, welchen Zweck eine Papageienvoliere zu erfüllen hat. Da gibt es mehrere Punkte aufzuführen, insbesondere muss sie

- eine sichere Behausung sein, die es den Amazonen nicht erlaubt, aus ihr zu entweichen;
- eine sichere Behausung sein, die es anderen Tieren - in erster Linie Feinden wie Katzen, Marder, Ratten oder Greifvögel - nicht erlaubt, in das Gehege einzudringen;
- genügend Bewegungsfreiheit bieten;
- Sitzmöglichkeiten bereitstellen, die möglichst vielfältig und abwechslungsreich gestaltet sein sollen;
- bewegliche Elemente zum Sitzen und Spielen enthalten;
- Rückzugsmöglichkeiten bei einer Gruppenhaltung bieten;
- Rückzugsmöglichkeiten vor dem Menschen gewährleisten.

Genügend Bewegungsfreiheit im Gehege bedeutet, dass man die Voliere selbst nicht mit so vielen Ästen und Zweigen zu einem fast undurchdringlichen Dschungel einrichten darf, in dem für die Vögel kein Platz mehr bleibt, ihre Flügel benutzen zu können. Da viele Amazonen in der Volierenhaltung dazu neigen „bequem“ zu werden, muss man im Gegenteil sogar dafür sorgen, dass

sie nicht alle Punkte des Geheges ausschließlich kletternd erreichen können.

Sitzstangen

Als Sitzmöglichkeit sollte man in erster Linie Naturäste unterschiedlicher Stärke wählen. Papageien lieben es auch, auf dünnen Ästen zu sitzen. Sicherlich ist es einfacher, dicke Naturäste in der Voliere zu befestigen und dann zu warten, bis diese durchgenagt sind, und sie dann ersetzen. Dünne Äste werden schnell zerstört und sind deshalb in einem viel häufigeren Rhythmus zu erneuern. Allerdings, haben die Tiere sichtlich Freude daran, sich mit diesen dünnen Ästen zu beschäftigen. Deshalb sollte man sich nicht scheuen, diese regelmäßig anzubieten, auch wenn dies ein Mehr an Arbeit bedeutet.

Auch bei der Auswahl der etwas stärkeren Äste, die als Sitzstangen dienen sollen, muss man darauf achten, dass verschiedene Durchmesser gewählt werden, damit der Vogelfuß durch eine unterschiedliche Krümmung beim Umgreifen auch unterschiedlich belastet wird. Ist der Durchmesser aller Sitzstangen über Jahre nahezu gleich, kann es Druckstellen an den Füßen geben, die sich bis zu eitrigen Entzündungen entwickeln können.

Als bewegliche Elemente kann man der Größe der Tiere angepasste Seile, Schaukeln, Sitzkreuze und Baumstümpfe in die Voliere geben. Dies wird die Koordinationsfähigkeit der Vögel erhalten und trainieren. Die Papageien nehmen diese beweglichen Elemente gerne als Sitzmöglichkeiten an, da sie auch den in der Natur benutzten viel eher entsprechen. Dort werden in erster Linie zunächst die dünnen, beweglichen Äste ange-

links: Sitzstangen für Amazonen - hier eine Rotschwanzamazone (A. brasiliensis) - sollten aus Naturholz bestehen, das von den Vögeln auch benagt werden kann.

flogen, wenn sich ein Vogel in einem Baum niederlässt. Nur selten landet er direkt am Stamm oder auf großen Ästen, die nicht mehr beweglich sind.

Sonstige Sitzgelegenheiten

Schaukeln kann man mit zwei Ketten und einem Naturast leicht selbst herstellen, genauso wie Sitzkreuze, die gern von Amazonen genutzt werden und die Koordinationsfähigkeit der Tiere sehr gut trainieren.

Baumstümpfe werden ebenfalls gerne angeflogen, um das morsche Holz zu benagen. An einer Kette aufgehängt, schwingen die Vögel gerne hin und her, während sie am Baumstumpf nagen.

Bei der Verwendung von Seilen sollte man auf jeden Fall auf Seile aus Kunststoff verzichten und auf Hanfseile zurückgreifen. Die werden allerdings, sind sie an den Ansatzpunkten ausgefranst, leicht zur Gefahrenquelle. Deshalb müssen ausgefranste Stellen immer regelmäßig kontrolliert und notfalls entfernt werden, damit sich die Papageienfüße nicht darin verfangen oder sich Fäden um die Gliedmassen legen und diese sogar abschnüren können, was besonders bei Verwendung von Kunststoffseilen der Fall ist. Daher sind auch die Vogelfüße der Bewohner regelmäßig zu untersuchen, um Einschnürungen rechtzeitig zu erkennen. Beachtet man diese Sicherheitsmaßnahmen, ist der Nutzen von Seilen für die Bewohner größer als die notwendige Überwachungsarbeit, denn alle Papageien benutzen sie sehr gerne als Sitz-, Spiel-, und Klettermöglichkeit.

Um den Amazonen in einem Gehege auch Sitzplätze als Rückzugsmöglichkeiten zu bieten, an denen sie keinen Kontakt zu anderen Mitbewohnern haben, kann man Sitzbrettchen anbringen, die auch, wenn sie aus ungehobelten Brettern bestehen, gerne benagt werden. Die Vögel ziehen sich gerne einmal auf diese auch als Beobachtungspunkte genutzte Aussichtsplattformen zurück. Sie sollten allerdings nicht zu groß sein. Da die Tiere hier aber auch ihren Kot absetzen, ist eine regelmäßige Reinigung zu gewährleisten.

Hanfseile

werden von den Amazonen - hier eine Ekuador-amazone - gerne als Sitzgelegenheiten benutzt

Eine andere, gerne genutzte Form der Einzelsitzmöglichkeiten sind kurze Aststücke, die mit Hilfe einer Schraube und zwei Metallblättchen flexibel im Gehege am Gitter verteilt werden können und die dadurch individuelle Sitzwarten bieten. Durch die Anbringung am Gitter schwingen sie beim Anflug des Vogels auch etwas nach. Von vielen Amazonen werden sie sehr gerne genutzt.

Tipp 10: Folgende Baumarten eigenen sich für die Einrichtung von Papageiengehegen besonders gut (Voraussetzung, die Bäume wurden nicht gespritzt):

Obstbäume: Kirsche, Apfel, Birne, Pflaume

Laubbäume: Weide, Birke, Buche, Eiche, Ahorn, Erle

Nadelgehölze: Kiefer, Tanne, Fichte

Weißstirnamazonen in der Gruppe

benötigen eine überdurchschnittlich große Voliere

Gruppenhaltung von Amazonen

Eine artenreine Gruppenhaltung einer Amazonenart kommt vielen Arten sehr entgegen, da sie ausgesprochene Schwarmtiere sind. Im Freileben-Teil dieses Buches wurde schon ausführlich hierüber berichtet. Allerdings muss man bei einer Gruppenhaltung in Menschenobhut unbedingt die Größe der Voliere mit in Betracht ziehen, denn eine größere Anzahl von Amazonen braucht natürlich mehr Platz und muss für die einzelnen Tiere die Möglichkeit bieten, Mitbewohnern des Geheges auch einmal aus dem Weg gehen zu können.

Für das Sozialleben innerhalb einer Gruppe ist die Größe eines Schwarmes von Bedeutung. Je mehr Sozialpartner in einer Gruppe leben, desto mehr Abwechslung haben die Tiere und desto weniger Langeweile kommt bei ihnen auf. Es hat sich bei der Schwarmhaltung bewährt, nach Möglichkeit mindestens drei Paare gemeinsam zu halten, wobei bei den kleineren Arten hier eine Volierengröße von 15 m² nicht unterschritten werden sollte. Für jedes weitere Paar können vier Quadratmeter Volierenfläche hinzugerechnet werden. Bei den größeren Arten sollte man nicht unter 20 m² Volierenfläche anfangen und für weitere Paare jeweils zwischen fünf und sechs Quadratmeter bereitstellen.

Allerdings eignen sich nicht alle Amazonen für eine Gruppenhaltung. Einige Arten benötigen sehr viel Platz, der in den wenigsten Fällen vorhanden ist. Unter beengten Volierenverhältnissen kann es zu Aggressionen unter den Tieren kommen, die dann leicht auch mit Verletzungen und sogar Todesfällen einhergehen können.

> **Tipp 11:** Um zu verhindern, dass schwächere Tiere von den dominanten unterdückt werden, sollte man Rückzugs- und Versteckmöglichkeiten einrichten. Dies kann durch Trennwände oder durch Nischen in der Voliere erreicht werden.

Während einige friedlichere Amazonenarten durchaus für die Gruppenhaltung geeignet sind (wie zum Beispiel Taubenhals-Amazonen) und sogar in der Gruppe gezüchtet werden können, ist es zum Beispiel bei der Gruppenhaltung von Kuba-Amazonen sehr schwierig, da diese Tiere nahezu immer aggressiv gegenüber Mitbewohnern reagieren.

Entscheidet sich der Halter für eine Gruppenhaltung, hat für diese jedoch nur eine kleine Voliere zur Verfügung, dürfen zumindest keine Nistmöglichkeiten geboten werden. Durch diese würde das Aggressionspotential zusätzlich angeheizt werden. Sobald nämlich die Nisthöhlen von einem Paar besetzt werden, sind Konflikte zu anderen Volierenbewohnern vorgezeichnet, da die beiden Vögel dann den Nestbereich und seine nähere Umgebung verteidigen. Nur in sehr großen Flugvolieren lassen sich Experimente mit der Zucht in der Gruppe erfolgversprechend durchführen.

Positive Erfahrungen mit der artgleichen Gruppenhaltung liegen für adulte Amazonen folgende Arten vor.

Taubenhals-Amazonen
Gelbscheitelamazonen
Panama-Amazonen
Weißstirnamazonen
Goldmaskenamazonen
Granada-Amazonen
Ekuadoramazonen

Nicht für die Zucht in der Gruppe geeignet erwiesen sich auf Grund ihrer Aggressivität folgende Arten:

Kuba-Amazonen
Prachtamazonen

Jungtiergruppen

Eine Zusammenführung von Jungtieren der gleichen Art bereitet in der Regel keinerlei Probleme. Nie konnten in reinen Jungvogelvolieren Streitereien beobachtet werden, auch nicht bei den beiden zuvor als aggressiv eingestuften Amazonen-Arten. Aber auch hier ist wichtig, den Tieren immer genügend Platz zu gewähren.

Insgesamt gilt der Grundsatz: Je größer das Gehege, desto problemloser das Zusammenleben der einzelnen Individuen.

rechts: Kuba-Amazonen (A. leucocephala) gehören zu den Gattungsvertretern, die aufgrund ihrer Aggressivität für eine Gruppenhaltung nicht geeignet sind

Ein Partnervogel

ist mit Abstand die beste Beschäftigungsmöglichkeit für Amazonen; das Foto zeigt ein Paar Venezuela-Amazonen

Beschäftigungsmöglichkeiten für Amazonen

Bei der Haltung von Amazonen kommt der Beschäftigung der Vögel eine außerordentlich wichtige Rolle zu. Zunächst sollte man sich dazu noch einmal die Situation der Tiere im Freiland ins Gedächtnis rufen: Wie im Freileben-Teil bereits ausführlich berichtet, haben Amazonen einen festen Tagesrhythmus. So wird nach dem Erwachen erst einmal ausgiebig das Gefieder geputzt, bevor sich die Papageien dann auf Nahrungssuche begeben. Gegen Mittag tritt eine mehrstündige Ruhephase ein, und danach starten die Tiere am Nachmittag zum zweiten Mal, um erneut zu fressen. Kurz vor Sonnenuntergang werden die Schlafplätze aufgesucht. Es gibt zwei Hauptaktivitätszeiten, wobei die erste Aktivitätsphase in die Morgenstunden und die zweite in die späten Nachmittagsstunden fällt. Dieser Rhythmus wird auch bei den Amazonen in Menschenobhut beibehalten, wenn auch in etwas abgewandelter Form. Größter Unterschied zum Freiland ist die Dauer der Nahrungsaufnahme: Benötigen die Amazonen in der Wildnis viele Stunden täglich, um ihren Bedarf an Nahrung zu stillen, ist dies in Menschenobhut eine ganz andere Situation. So wird den Tieren das Futter schon „schnabelgerecht" täglich frisch gereicht, und ohne Anstrengung können die Amazonen das benötigte Futter innerhalb kurzer Zeit aufnehmen. So reduziert sich in Menschenobhut die Zeit, die für die tatsächliche Futteraufnahme benötigt wird, oft auf eine halbe bis eine Stunde am Tag.

Nimmt man einen 12-Stunden-Tag als Grundlage und zieht die Zeit für die Nahrungsaufnahme ab, merkt man schnell, dass noch eine ganze Menge freie Zeit des Tages übrig bleibt. Zwar wird ein weiterer Teil der Zeit für Gefiederpflege und die Ruhephase verwendet, aber es bleibt ein erheblicher Teil des Tages für die Amazonen übrig, in denen sie praktisch beschäftigungslos sind. Hier sind nun die Halter der Tiere gefordert, den Vögeln Angebote an Beschäftigungsmöglichkeiten zu machen, damit die Vögel nicht - wie leider allzu oft schon passiert - auf „dumme Gedanken" kommen und beispielsweise aus Langeweile mit dem Federrupfen beginnen.

Die allerbeste Möglichkeit, Amazonen zu beschäftigen, ist zweifellos, ihnen die Möglichkeit zur Brut zu gestatten. Tiere, die in Brutstimmung kommen, durchlaufen einen Zyklus, der sie voll und ganz beschäftigt: Schon Wochen vor der ersten Eiablage wird gebalzt, kopuliert, gegenseitig das Gefieder geputzt usw.; dann folgt die Brutphase, in der das Weibchen allein mit dem Wärmen des Geleges beschäftigt ist. Allerdings heißt das nicht, dass das Männchen in dieser Zeit arbeitslos ist, denn schließlich muss das Weibchen mit Nahrung versorgt und das Nest und seine nähere Umgebung bewacht werden. Sobald die Jungen geschlüpft sind, fängt die Arbeit erst richtig an, denn nun hat zunächst der Vater - später beide Elternteile - „Unmengen" von Futter herbeizuschaffen, um die hungrigen Schnäbel der Jungtiere zu stopfen.

Holzstücke

stellen eine ideale Beschäftigung für die Doppel-Gelbkopfamazone dar

Wenn die Jungvögel die Nisthöhle verlassen, haben die Eltern die Aufgabe, ihnen das Fressen beizubringen, und den Nachwuchs vor allen äußeren negativen Einflüssen zu bewahren. Je nach Amazonenart sind die Vögel bis zu einem halben Jahr mit dem Brutgeschäft und der Auf-

Plastikspielzeug für Amazonen

muss stabil sein und darf nicht zersplittern; diese Blaustirnamazone beschäftigt sich gerne mit den grellfarbenen Gegenständen.

zucht beschäftigt, ohne dass es den Tieren dabei in irgendeiner Weise langweilig wird. Solange es von Seiten der Elterntiere nicht zu Aggressionen gegenüber den Jungtieren kommt, kann man diese bis kurz vor Beginn der neuen Brutsaison in der Voliere belassen.

Viele Amazonen werden aber ohne das Ziel der Zucht gehalten. Insbesondere diesen Tieren müssen Umweltreize geboten werden, damit sie nicht zu Problemtieren werden.

Besonders wichtig ist die Beschäftigung von Einzelvögeln. Grundsätzlich ist hier nochmals zu erwähnen, dass die beste Beschäftigungsmöglichkeit für ein Einzeltier der artgleiche Partnervogel ist. Besteht aber nicht die Möglichkeit, ein Tier zu vergesellschaften, ist bei zahmen Tieren in erster Linie der Halter selbst gefordert. Er stellt in den meisten Fällen eine Art Ersatzpartner für den Vogel dar. Zahme Amazonen können sich sehr eng an einen bestimmten Menschen anschließen und lassen sich von ihm gerne das Gefieder kraulen, was bei einem „richtigen" Papageienpaar der gegenseitigen Gefiederpflege nahe kommt.

Vorsicht ist aber bei nicht handzahmen Tieren geboten: Eine zu starke Beschäftigung des Menschen mit dem Tier kann bei diesem Angst und damit auch Stress auslösen, was wiederum eher negativ auszulegen ist.

Neben der direkten Beschäftigung des Menschen mit der Amazone sollte dem Tier die Möglichkeit geschaffen werden, sich mit diversen Gegenständen zu beschäftigen. Dem Erfindungsreichtum der Pfleger sind hier kaum Grenzen gesetzt. Man kann unterschiedliche Spielgegenstände selbst basteln oder auf Fertigprodukte aus dem Heimtiermarkt zurückgreifen. Ein Blick dorthin lohnt sich allemal, auch wenn man sich nur Ideen zur Selbstanfertigung holt.

Die Vielzahl unterschiedlicher Spielsachen für Papageien wächst ständig. Besonders zu empfehlen sind aber Gegenstände, die aus natürlichen Materialien wie Holz gefertigt sind, da diese auch den Nagetrieb anregen und damit gleichzeitig der natürlichen Abnutzung des Schnabels förderlich sind. Allerdings zeigt die Erfahrung der Autoren auch, dass besonders die bunten, mit knalligen Farben glänzenden Plastikspielzeuge gerne von den Amazonen akzeptiert werden.

Wichtig ist in erster Linie, dass sich die Tiere nicht verletzen können und dass die verwendeten Materialien ungiftig sind. Außerdem muss das Spielzeug von hoher Qualität sein, damit keine Stücke abgebissen werden und eventuell verschluckt werden können. Dieser Hinweis gilt insbesondere für Gegenstände aus Plastik.

In der folgenden Auflistung werden einige Materialien bzw. Gegenstände, die sich zur Beschäftigung von Amazonen eignen, ohne jede Wertung aufgezählt. In der Regel wird man als Halter sehr schnell merken, welche Gegenstände von den Vögeln bevorzugt werden.

- Frische Naturäste verschiedener Baumarten;
- Zapfen (z.B. von Tannen, Fichten, Kiefern);
- Morsche Baumstämme oder Baumscheiben;
- Seile unterschiedlicher Stärke und Beschaffen heit (Sisal, Kokos, Baumwolle);
- Schaukeln unterschiedlicher Bauart;
- Leitern;
- Ketten;
- Holzspielzeug unterschiedlicher Größe und Machart;
- Steine (Kiesel unterschiedlicher Größe);
- Holzstückchen und Zweige, die der Vogel in den Fuß nehmen kann;
- Rinden zum Benagen;
- Sitz- und Nagebretter.

Eine weitere sehr effektive Beschäftigung der Amazonen ist die regelmäßige Wasserdusche. Viele Papageien nutzen die Möglichkeit gerne aus, wenn sie regelmäßig geduscht werden. Sie genießen es in aller Ausgiebigkeit, die Wassertropfen in ihr Gefieder aufzunehmen. Hat man bei einer Volierenhaltung eine Sprenkelanlage angebracht, so hängen sich viele Vögel nach dem Einschalten des künstlichen Regens direkt ans Gitter und breiten ihre Flügel aus, fächern ihren Schwanz auf und lassen sich tropfnass regnen. In der Wohnungshaltung haben sich Sprühflaschen für Pflanzen bewährt. Hat man mehrere Tiere, kann man sich auch eine so genannte Pumpsprühflasche kaufen, in der man durch vorheriges Pumpen einen Druck in der Flasche aufbaut, mit dessen Hilfe dann das Wasser automatisch beim Betätigen des Auslösers herausgesprüht wird. Danach sind die Amazonen oft viele Stunden mit der Gefiederpflege, dem Trocknen und Richten der Federn beschäftigt. Dies ist eine natürliche Beschäftigungsmöglichkeit, die gleichzeitig noch für einen schönen Gefiederglanz der Tiere sorgt. Die Häufigkeit der Duschen hängt natürlich auch von der Akzeptanz der Tiere ab. Nicht alle Amazonen wollen täglich duschen. Aber zwei bis drei Mal kann man diese Aktion in der Woche schon durchführen.

Eine weitere Möglichkeit der Beschäftigung sind Badeschalen, die man den Tieren anbietet. Aus Sicherheitsgründen sollte der Wasserstand nicht höher als zwei oder drei Zentimeter sein, damit die Tiere nicht ertrinken können. Werden Badeschalen, die auf den Boden gestellt sind, nicht angenommen, kann man diese einmal erhöht auf einen Sockel stellen. Oft wird dann diese Möglichkeit eher genutzt.

Amazonen lassen sich gerne tropfnass besprühen

und sind dann einige Zeit mit der Gefiederpflege beschäftigt; das Bild zeigt eine Gelbschulteramazone

Ein traumatisches Erlebnis

ist für viele Amazonen das Einfangen und Festhalten mittels eines Handschuhs; das Bild zeigt eine junge Soldatenamazone

Zusammenleben mit Amazonen

Menschen, die ihre Amazonen im Wohnbereich halten, wollen diese meist gerne als zahme Hausgenossen sehen. Früher, als noch jährlich Tausende von wildgefangenen Amazonen aus ihren Ursprungsländern importiert wurden, war es oft ein schwieriges Unterfangen, Tiere, die an das Freileben gewohnt waren, in zahme Hausgenossen zu verwandeln. Das war nur allzu verständlich, schließlich hatten diese Vögel unbeschreibliche Leiden durch den Fang, die Lagerung bei den diversen Fängern und Händlern, eine drastische Futterumstellung und den Transport nach Übersee mit einer anschließenden, gesundheitsschädlichen Quarantäne hinter sich. Während sich damals kaum ein Halter Gedanken über die Vorgeschichte seines künftigen Hausgenossen machte, hat sich mittlerweile die Situation erfreulicherweise geändert.

Heute stammen die meisten Amazonen, die im Zoofachgeschäft oder direkt beim Züchter erworben werden können, in der Regel aus der Nachzucht. Dies ist ein großer Vorteil, da die Tiere schon mehr oder weniger an den Menschen gewöhnt sind. Hinzu kommt, dass sie im „Lebensraum“ Voliere oder Wohnung aufgewachsen sind, sich dort wohl fühlen und die „Freiheit“ ihrer süd- und mittelamerikanischen Artgenossen (die in Unkenntnis der Realität von radikalen Tierschützern gerne als paradiesisch für die Vögel dargestellt wird) gar nicht kennen, also auch nicht missen.

Zähmen

Erwirbt man von Hand aufgezogene Amazonen, so erübrigt sich meist ein umfangreiches Training zur Zähmung der Tiere, da diese von jung an die Hand des Menschen als positives Element, nämlich als „Futterspender“, kennen gelernt haben und sich somit dieser freundlich gegenüber verhalten. Fachgerecht von Hand aufgezogene Tiere sind zahm und haben vor dem Menschen keine Scheu. Sie kommen bereitwillig auf die Hand, um dort mit einem Leckerbissen belohnt zu werden. Und genau das ist auch die Strategie zur Zähmung noch nicht zahmer Amazonen: Den Tieren müssen die Hand des Menschen und der Pfleger selbst als positive Elemente vorgestellt werden.

Warum dies so ist, wird deutlich, wenn man sich die Vorgeschichte der Tiere ansieht, die aus einer Volierenzucht stammen. Papageien sind sehr intelligent und haben ein gutes Gedächtnis. So werden sich von den Eltern aufgezogene Amazonen stets daran erinnern, wie der Züchter sie als Jungvögel mit dem Netz gefangen und mit der Hand oder dem Handschuh gegriffen hat. Dies können für Amazonen traumatische Erlebnisse sein. Kommt der Vogel wieder in eine ähnliche Situation, wird er sich erinnern und noch panischer reagieren, möglicherweise selbst dann, wenn er lediglich eine Hand in seiner Nähe sieht.

Erwirbt man eine neue Amazone, so kennt man meist deren Vorgeschichte nicht oder nur wenig.

Tipp 12: Den Willen einer Amazone zu brechen, indem man das Tier in ein Handtuch einwickelt und versucht, durch seine Bewegungsunfähigkeit zahm werden zu lassen, ist tierquälerisch und absolut abzulehnen. Leider wird diese „Methode" hin und wieder noch empfohlen.

Aus diesem Grund muss man zunächst eine Vertrauensbasis schaffen, auf der sich aufbauen lässt. Nach der Eingewöhnung in der neuen Umgebung sollte man sich also viel Zeit und Aufmerksamkeit für den oder die Neuankömmlinge nehmen.

Ein ruhiges Zureden schafft eine Vertrauensbasis. Hektische Bewegungen in der Nähe der Unterbringung des Vogels sind zu vermeiden. Die Hand des Menschen sollte allmählich wieder ihren Status als Gefahrenquelle verlieren. Deshalb dürfen von ihr nur noch positive Aktionen ausgehen. Dies kann durch regelmäßiges Anbieten von Leckerbissen mit der Hand geschehen. Nimmt der Vogel diese auch nicht gleich ab, wird die Hand dennoch als Überbringer erkannt, der die Leckerbissen beispielsweise ins Gitter hängt. Nach und nach sollte man versuchen, mit der Hand immer näher an den Vogel heranzukommen und ihm bald die Leckerbissen direkt von der Hand geben. Hat er gelernt, die Köstlichkeiten auch direkt abzunehmen, ist ein großer Schritt für ein angstfreies Zusammenleben getan.

Wichtig ist hierbei Geduld. Jedes zu schnelle Herangehen, jedes Aufdrängen und jeder Zwang verängstigt lediglich den Vogel und bedeutet einen Rückschritt.

Der nächste Schritt wird sein, die Amazone auf die Hand zu nehmen. Auch hier muss man sehr behutsam vorgehen. Voraussetzung ist, dass der Vogel keine Angst mehr vor der Hand hat und diese auch akzeptiert, wenn sie ohne Leckerbissen in seine Nähe kommt. Erst dann sollte man ein Training beginnen, wie dies von vielen Tiertrainern auch bei Säugetieren praktiziert wird. Mit dem so genannten „positive reinforcement", welches eine positive Verstärkung bedeutet, wird heutzutage fast überall im Tiertraining mit Erfolg gearbeitet. Gerade Papageien als intelligente Vögel sprechen sehr schnell auf diese Art des Einübens an, da sie Zusammenhänge schneller erkennen können als viele andere Tiere.

Handaufgezogene Amazonen

sind von Anfang an zahm und an den Menschen gewöhnt; das Bild zeigt eine junge Tucumán-Amazone

Im Einzelnen bedeutet positive Verstärkung, dass gezeigte oder gewollte Verhaltensweisen der Vögel belohnt werden. Recht schnell wird die Amazone einen Zusammenhang zwischen gezeigter Verhaltensweise und der darauf folgenden Belohnung erkennen und entsprechend reagie-

Tipp 13: Als Belohnung zur positiven Verstärkung sollten nur kleinste Mengen Futter gegeben werden, damit man einige Wiederholungen hintereinander machen kann und der Vogel nicht schon nach der ersten Belohnung satt ist.

Positive Verstärkung

Keine Angst vor der Hand

ist die Grundvoraussetzung für ein harmonisches Zusammenleben von Halter und Amazone - hier eine junge Gelbwangenamazone

ren. Wichtig hierbei ist, dass jeder kleine Fortschritt belohnt wird. Als Beispiel sollen hier die Schritte angeführt werden, mit denen eine Amazone lernt, sich auf die Hand des Pflegers zu setzen.

Tipp 14: Täglich sollte man mindestens 10 Minuten Training einplanen, um in absehbarer Zeit zu Erfolgen zu kommen. Mehrere Einheiten über den Tag verteilt sind vorteilhafter und führen schneller zu Ergebnissen.

Tipp 15: Man sollte das im Käfig angebotene Futter durchaus limitieren, um vor dem Training ein leichtes Hungergefühl beim zu trainierenden Tier zu erreichen. Allerdings sollte nach dem Training dann ausreichend Futter geboten werden, um eine optimale Versorgung der Amazonen zu gewährleisten.

Zunächst kann man dies mit einem Stock versuchen, den man unter den Bauch der Amazone hält. Lässt sie das geschehen, wird sie jedes Mal belohnt. Umgreift sie später den Stock mit dem Fuß, erhält sie ebenfalls Leckerbissen. Die nächsten Belohnungen erfolgen, wenn sie sich mit beiden Füßen auf den etwa 50 cm langen Stock setzt. Nachdem die Amazone gelernt hat, auf den Stock zu sitzen, wird der nächste Schritt sein, den Stock schrittweise immer weiter vorne anzufassen und so den Abstand zwischen Hand und Vogel langsam zu verringern, bis der Vogel schließlich direkt auf die Hand steigt.

Mit solch einer positiven Verstärkung kann man erstaunliche Erfolge erzielen. Auch lästige Verhaltensweisen wie Schreien, Aggressionen oder anderes, soweit sie nicht zu den natürlichen Verhaltensweisen zählen, können damit erfolgreich abgestellt werden.

Allerdings sollte man sich zunächst wirklich grundsätzlich über die Verfahrensweise der positiven Verstärkung im Klaren sein, denn gerade unbewusst passieren hier die häufigsten Fehler. Ein Beispiel mag dies verdeutlichen: Wenn eine Amazone schreit, tritt der Pfleger häufig an den Käfig heran und gibt ihr einen Leckerbissen, um das Tier dadurch zu beruhigen. Geschieht dies regelmäßig, lernt die Amazone aber dabei in Wirklichkeit, sich Leckerbissen durch Schreien zu sichern, was der Halter sicherlich nicht vorgehabt hatte. Deshalb sollten die Leckerbissen immer nur nach Verhaltensweisen gegeben werden, die man erreichen will.

Sprechende Amazonen

Sprechunterricht

sollte in erster Linie eine Beschäftigung für den Vogel darstellen; das Bild zeigt eine zahme Blaustirnamazone.

Papageienhalter kennen dies: Sobald ein Gesprächspartner erfahren hat, dass man einen Papagei besitzt, kommt sofort die Frage, ob dieser denn auch sprechen könne. Papageien und Sprechen sind so fest in den Köpfen der meisten Menschen verbunden, dass die Vögel oftmals auf diese Eigenschaft reduziert werden. Dabei können Papageien eigentlich nicht sprechen, vielmehr zählen sie zu den „Spöttern". Das sind Vögel, die andere Tierlaute nachahmen und die natürlich nicht verstehen, was sie da eigentlich widergeben.

Dass mancher Papageienhalter das Gefühl hat, sein Vogel könne nun wirklich sprechen, liegt am Assoziationsvermögen der intelligenten Tiere. Sie können Situationen miteinander verbinden. Begrüßt ein Amazonenhalter jedes Mal seinen Vogel mit „Grüß Gott", wenn er das Zimmer betritt, wird der bald beide Ereignisse in Verbindung bringen und von sich aus grüßen, sobald jemand das Zimmer betritt.

Manche Vertreter der Familie, wie der berühmte Graupapagei Alex, bringen es in ihrer Sprechleistung allerdings zu erstaunlichen Ergebnissen, allerdings sind sie die Ausnahme unter den Papageien. Amazonen sind zum Beispiel im Vergleich mit Graupapageien nun wirklich keine Sprachkünstler, und es gibt viele Exemplare, die über ein oder wenige nachgeahmte Wörter nicht herauskommen.

Genau das ist aber der Grund, warum das „Sprechen" nun wirklich nicht im Vordergrund stehen sollte, wenn jemand eine Amazone pflegt. Wer es dennoch probieren möchte, sollte es vor allem als Beschäftigung mit dem Vogel sehen und darf nicht enttäuscht reagieren, wenn die erhofften Ergebnisse ausbleiben.

Für das Sprechenlernen gibt es nur eine, einigermaßen erfolgversprechende Methode: Regelmäßig und unermüdlich muss ein bestimmtes Wort vorgesprochen werden. Kurze Wörter, die keine Zischlaute enthalten, eignen sich besser als lange oder gar ganze Sätze. Die Atmosphäre muss entspannt sein, was als Voraussetzung hat, dass die Amazone bereits zahm ist.

Hat die Amazone erst einmal gelernt, die ersten Wörter nachzuahmen, kommen weitere meist schneller hinzu und der Halter kann auch einmal kleinere Sätze in Angriff nehmen. „Sprechperlen", Lernkasetten, DVDs oder sonstige Hilfsmittel, die als Lernhilfen angeboten werden, sind nutzlos.

Noch einmal aber die Bitte: Das Sprechenlernen sollte bei der Haltung von Amazonen nie im Vordergrund stehen, sondern immer der Vogel und seine Bedürfnisse selbst. Zu letzteren gehört das Sprechen nun wirklich nicht - es schadet dem Vogel aber auch nicht, wenn er ansonsten tiergerecht gehalten wird.

Aggression bei Amazonen

tritt auf, wenn die Vögel brutlustig werden; hier droht eine Gelbnackenamazone mit aufgefächertem Schwanz und verengten Pupillen.

Probleme mit Amazonen

Insgesamt zählen die Amazonen bei einer tiergerechten Haltung und Ernährung zu den Papageien, die aufgrund ihres Wesens und ihrer „robusten" Natur zu den „unkomplizierteren Arten" innerhalb der Familie gehören. Dennoch gibt es einige Probleme, die auch in der Amazonenhaltung immer wieder auf die Halter zukommen können, die sie verstehen und auf die sie vorbereitet sein sollten:

Aggressionen

Wenn Amazonen ins geschlechtsreife Alter kommen, schließen sie sich, wenn sie als Familienmitglied im Haus gehalten werden, oft eng an eine einzige Person an. Diese kann dann meist die Amazone streicheln, kraulen oder ihr Futter aus der Hand geben. Gegenüber anderen Menschen reagiert die Amazone hingegen unter Umständen aber sehr aggressiv und beißt diese sogar, wenn sie sich zu nahe an sie herantrauen. Diese Verhaltensweise ist nicht als Böswilligkeit der Amazone zu interpretieren - was viele Halter leider machen -, sondern als natürliche Verhaltensweise. In Ermangelung eines artgleichen Partners hat sich der Vogel schließlich lediglich einen Menschen als direkte Bezugsperson ausgewählt. Alle anderen Familienmitglieder werden zwar im Schwarm geduldet, aber „Zärtlichkeiten" werden nur mit dem Ersatzpartner ausgetauscht. Da Amazonen normalerweise eine „treue" Paarbindungen eingehen, werden andere Menschen als Eindringlinge betrachtet und mit Schnabelhieben vertrieben.

Hält man die Amazonen paarweise, können diese das ganze Jahr über zahm sein und Futter aus der Hand nehmen. Sobald sie aber in Brutstimmung kommen - was nicht zwangsläufig bedeutet, dass die Vögel auch wirklich brüten -, werden sie oft sehr aggressiv. Es ist ratsam, in dieser Zeit den direkten Kontakt zu den Tieren zu vermeiden, da man allzu leicht gebissen wird. Diese Phase legt sich meist nach Abklingen der mehrmonatigen Brutstimmung wieder, und spätestens im Herbst hat man wieder die „normalen" friedlichen Amazonen. Dieses Verhalten wird oft auch von allein gehaltenen Männchen gezeigt, während Weibchen weniger aggressiv werden.

Ärgern Sie sich also nicht über diese Verhaltensänderung. Schon gar nicht dürfen Sie sie Ihren Vögeln übel nehmen, sondern freuen Sie sich vielmehr, dass Ihre Tiere noch natürliche Verhaltensweisen zeigen, die es als Halter zu respektieren gilt.

Grünwangenamazonen

haben wie alle Vertreter der Gattung eine laute Stimme.

Schreien

Amazonen können je nach Art eine laute bis sehr laute Stimme haben, die sie auch einsetzen können, um ihren Willen durchzusetzen. Hält man Amazonen im Wohnbereich, wo eine laute Stimme durchaus auch unpassend oder sogar nervtötend sein kann, sollte man bei der Erziehung der Amazone genau darauf achten, keine unbewussten Fehler zu machen. Wir haben schon unter dem Kapitel „Zähmen" darauf hingewiesen: Was bei Hundehaltern bereits die Regel ist, gilt auch für Papageienfreunde – das Tier sollte bis zu einem gewissen Grad erzogen werden, was nicht bedeutet, seinen Willen zu brechen. In vielen Haushalten ist es jedoch genau umgekehrt: Der Vogel erzieht seinen Halter. Gerade beim Thema „schreiende Amazonen" zeigt sich dies sehr deutlich. Immer dann der Amazone einen Leckerbissen zu bringen, wenn sie laut schreit, um sie zu beruhigen, bedeutet nichts anderes, als ihr zu zeigen, dass sie nur schreien braucht, um Aufmerksamkeit zu erheischen. Unterschätzen Sie die Vögel nicht. Jede Amazone merkt recht schnell, wie der Halter reagiert und wird immer dann ihre Stimme einsetzen, wenn sie einen Leckerbissen möchte. Schreier erziehen sich die Halter in der Regel selbst.

Im Gegensatz dazu sollte man immer dann seine Amazone belohnen, wenn sie ruhig ist. Gerade Amazonen sind sehr intelligente Papageien, die ein solches Training sehr schnell beherrschen und genau wissen, wann eine Belohnung zu erwarten ist. Geschickte Halter schaffen es so, dass ihre Vögel Möbel in Ruhe lassen oder den Kot nur an bestimmten Sitzplätzen ablassen.

Hinsichtlich des Schreiens darf man allerdings nicht vergessen, dass es ganz natürlich ist, wenn Amazonen morgens nach Sonnenaufgang den Tag mit ihrer Stimme begrüßen und diese abends

Rupfen

kann viele Ursachen haben. Das Foto zeigt eine Doppelgelbkopfamazone.

zum Sonnenuntergang nochmals kräftig hören lassen. Diese Phase dauert meist aber nur etwa eine halbe Stunde, und dann kehrt wieder Ruhe ein. Dauerschreier über den ganzen Tag sind hingegen nahezu immer die bereits zuvor beschriebenen unbewusst verzogenen Tiere.

Rupfen

Das Rupfen oder Abbeißen der eigenen Federn ist ein Problem, das bei vielen Papageien auftritt und sehr viele unterschiedliche Ursachen haben kann. Amazonen gehören zu den Papageiengruppen, bei denen das Rupfen eigentlich nur selten auftritt. Hat man dennoch einen Vogel, der zu rupfen beginnt, sollten beim Halter sämtliche Alarmglocken läuten. Ein beginnendes Rupfen darf nicht auf die leichte Schulter genommen werden, denn es gibt Vögel, die spielerisch an ihrem Gefieder knabbern und dieses dabei zu zerstören beginnen. Fast immer verstärken sich diese Verhaltensweisen, und eines Tages sitzt die Amazone dann nackt da. Deshalb muss man den Anfängen wehren!

Die Ursachen für dieses Fehlverhalten können sehr unterschiedlich sein. Zunächst sollten mit Hilfe eines erfahrenen Tierarztes, dem das Tier vorgestellt werden muss, medizinische Gründe ausgeschlossen werden. Er wird die Amazone auf Viruserkrankungen wie Circo-Virus oder Polyoma-Virus untersuchen, die Krankheiten wie PBFD (Schnabel- und Federkrankheit) auslösen. Der Tierarzt wird in der gründlichen Diagnose ebenfalls untersuchen, ob der Vogel unter Parasitenbefall leidet. Wurde er fündig, muss entsprechend behandelt werden.

Ist aus medizinischer Sicht jedoch kein Grund für das Rupfen erkennbar, ist der Halter gefordert, denn dann ist der Grund für dieses Verhalten fast immer in den Haltungsbedingungen zu suchen. Folglich kann auch nur eine gründliche und vor allem (selbst-)kritische Überprüfung der Haltungsbedingungen und der Unterbringung sowie der näheren Umgebung der Amazone Hinweise auf die Ursachen geben. Die Möglichkeiten, die ein haltungsbedingtes Rupfen auslösen können, sind vielfältig, und es ist eine gewisse Portion Einfühlungsvermögen und Spürsinn gefordert. Wir haben die häufigsten Ursachen in der nebenstehenden Tabelle aufgeführt.

Mögliche Gründe, die ein Rupfen auslösen können:

1. Langeweile durch Einzelhaltung
2. Vernachlässigung durch den Halter
3. Zu wenig Aufmerksamkeit in der Familie
4. Sexuelle Frustration bei Einzelhaltung
5. Kein harmonierender Partner bei Paarhaltung
6. Einseitige oder nicht adäquate Ernährung
7. Lebensraumveränderung durch Umsetzen in eine andere Voliere
8. Lebensraumveränderung durch Umstellen des Käfigs
9. Veränderungen in der Umgebung der Unterbringung
10. Änderung der Bezugsperson
11. Neue Haustiere
12. Nachwuchs in der Familie (Baby), dem nun mehr Aufmerksamkeit geschenkt wird
13. Zwangsverpaarung mit einem anderen Papagei
14. Zwangsverpaarung mit einem Partner der gleichen Art, der aber nicht akzeptiert wird
15. Zu wenig Beschäftigungsmöglichkeiten
16. Hormonelle Schwankungen
17. Mangel an Zuwendung
18. Bewegungsmangel
19. Verfettung
20. Stress durch Besucher
21. Fehlende Möglichkeiten zum Duschen oder Baden
22. Phobien
23. Trauer um einen langjährigen Partner
24. Besonderer Stress
25. Der Vogel wird durch Kinder geärgert
26. Schmerzen
27. Stutzen von Flügelfedern
28. Mangelerscheinung (Vitamin- oder Mineralienmangel)

Dauerrupfer

wie diese Marajó-Amazone sind kaum noch von diesem Verhalten abzubringen.

Diese Liste ist mit Sicherheit nicht vollständig, soll aber dem Halter in erster Linie dazu anregen, sich Gedanken zu machen und durch Veränderungen seines Verhaltens, der Haltungsbedingungen oder der Umgebung des Vogels diesen wieder von der Unart des Rupfens abzubringen.

Tipp 16: Reagieren Sie sofort, wenn auch nur die kleinsten Anzeichen eines beginnenden Rupferverhaltens bei Ihren Amazonen zu erkennen ist!

Mauserprobleme

zeigen sich vor allem in einem nicht einwandfreien Gefieder, wie es an den Schwanzfedern dieser Rotspiegel-amazone zu erkennen ist.

Mauser

Die Mauser ist keine Krankheit und normalerweise auch kein Problem für die Amazonen, sondern eine alljährlich wiederkehrende Phase im Leben der Vögel. Meist im Spätsommer bis in den Herbst hinein, fast immer aber nach der Brutzeit wechseln die Amazonen ihr Gefieder. Dies ist ein kontinuierlicher Prozess, der in der Regel so abläuft, dass die Papageien nie größere Teile des Gefieders auf einmal abstoßen, sondern es fallen immer nur einige wenige Federn aus, die dann zügig nachwachsen. Dadurch bleibt die volle Flugfähigkeit der Tiere auch während des Gefiederwechsels erhalten.

Diese Zeit stellt natürlicherweise eine erhöhte Belastung für den Stoffwechsel dar, da neue Federn gebildet werden müssen. Deshalb ist in der jährlichen Mauser auf eine optimale Ernährung sowie ausreichende Vitamin- und Mineraliengaben zu achten.

Die Mauser dauert etwa zwischen 10 und 12 Wochen. Kommt es hierbei zu Störungen, die meist durch einen langanhaltenen schlechten Gefiederzustand zu erkennen sind, sollte man einen Tierarzt zu Rate ziehen.

Krankheiten

Grundsätzlich gehören Amazonen zu den Papageienarten, die relativ robust und in Menschenobhut wenig anfällig für Krankheiten sind. Dennoch sollte man auf einen eventuellen Not- oder Krankheitsfall seiner Tiere vorbereitet sind. Dies bedeutet, dass man sich schon vorher nach einem geeigneten Tierarzt umschaut. Inzwischen gibt es eine ganze Reihe von Tierärzten, die sich sehr gut mit Papageien auskennen. Unter der Internetadresse „http://www.papageien.de“ finden Sie eine Tierärzteliste, in der alle jene Veterinäre aufgeführt werden, die von den Lesern der Zeitschriften PAPAGEIEN und WP-Magazin empfohlen wurden. Sicherlich gibt es einen davon auch in Ihrer Nähe. Nicht nur im Krankheitsfall, sondern auch für einen jährlichen „Check-up“ der Tiere ist ein erfahrener Papageien-Tierarzt notwendig.

Wollen Sie Ihrer Amazone die Fahrt zum Tierarzt nicht zumuten oder haben Sie einen größeren Papageienbestand, gibt es die Möglichkeit, einen spezialisierten Tierarzt ins Haus kommen zu lassen. Hier fallen dann allerdings zu den Untersuchungs- bzw. Behandlungskosten zusätzlich die Anfahrtskosten an. Dieses Vorgehen ist aber auf jeden Fall für Ihre Tiere stressfreier und deshalb eine überlegenswerte Alternative.

Grundsätzlich ist es immer empfehlenswert, bei allen Anzeichen einer Krankheit sofort einen auf Papageien spezialisierten Tierarzt zu konsultieren und nicht selbst „herumzudoktern“ oder mit fragwürdigen Tipps aus dem Bekanntenkreis zu experimentieren. Ein unkontrollierter Einsatz von Antibiotika beispielsweise kann verheerende Folgen für den Vogel haben. Diese sollten immer vom Tierarzt verabreicht oder eine Behandlung zumindest unter dessen Anleitung durchgeführt werden!

Eine kranke Amazone erkennen Sie z.B. an einer allgemeinen ungewohnten Schläfrigkeit, bei der oft der Kopf in das Gefieder gesteckt und das Gefieder gesträubt wird, an unsicheren Bewegungen oder unnatürlichen Körperhaltungen, an einer Veränderung des Kotes, Atmungsgeräuschen oder an äußeren Körperanomalien und Verletzungen. Vorsicht ist immer geboten, wenn der Vogel plötzlich nicht mehr frisst.

Die Liste der möglichen Krankheitssymptome ist riesig, und natürlich können wir hier nicht alle aufzählen. Der Halter selbst und sein Gespür sind gefragt, rechtzeitig zu erkennen, ob ein Krankheitsfall vorliegt oder nicht. Wichtig ist aber ein schnelles Handeln, da der Stoffwechsel bei Vögeln wesentlich intensiver ist als bei Menschen. Da die Tiere bei den meisten Erkrankungen die Nahrungsaufnahme einstellen, führt dies schnell zu einer starken Schwächung und zur Verschärfung des Krankheitsbildes. So kann eine eigentlich leichte und einfach zu behandelnde Erkrankung innerhalb weniger Tage zum Tode des Vogels führen. Die Tierärzte erleben dies besonders häufig: Viele Vögel werden ihnen erst vorgestellt, wenn es für eine Behandlung zu spät und das Tier nicht mehr zu retten ist.

Vorsicht ist geboten,

wenn eine Amazone plötzlich außerhalb der gewohnten Zeiten schläfrig ist und nicht frisst. Das Bild zeigt eine Blaukronenamazone.

Tipp 17: Im Arndt-Verlag ist das Buch „Notfallhilfe für Papageien und Sittiche“ von der Tierärztin Doris Dühr erschienen. Dieses Buch gibt dem Papageienhalter die Möglichkeit, sich für den Notfall vorzubereiten und die Erstversorgung der Tiere zu übernehmen. Das Buch enthält wertvolle praktische Tipps und sollte bei keinem Papageihalter fehlen.

Königsamazonen

gehören wie alle Vertreter der Gattung in ihrer Ernährung zu den Generalisten.

Ernährung

Um zu wissen, wie man Amazonen fachgerecht zu ernähren hat, sollte man sich zuerst einmal in der Natur umschauen und betrachten, was die Tiere dort fressen. Wie bereits beschrieben, gehören die meisten Amazonen zu den Nahrungsgeneralisten, was in der Praxis bedeutet, dass sie ein vielfältiges Nahrungsangebot nutzen und sich nicht nur auf wenige Nahrungsquellen beschränken, wie dies die Nahrungsspezialisten tun. In der Natur gehen die Vögel zweimal täglich auf Nahrungssuche. So findet die erste Fresszeit morgens bald nach dem Sonnenaufgang statt, und sie zieht sich über die Morgenstunden hin. Nach einer ausgiebigen Mittagsruhe gehen die Amazonen am späten Nachmittag ein zweites Mal auf Nahrungssuche, die bis kurz vor Sonnenuntergang anhält.

Entsprechend diesem Tagesrhythmus in der Natur sollte man auch die Amazonen in Menschenobhut füttern, egal ob es sich um Hausgenossen oder um Zuchtvögel handelt.

Die erste Fütterung sollte somit morgens zwischen acht und neun Uhr erfolgen. So findet im Loro Parque auf Teneriffa die erste Fütterung gegen acht Uhr statt. Sie besteht aus einer Obst- und Gemüsemischung, wobei je nach Saison die jeweils verfügbaren Sorten gereicht werden. Karotten, Äpfel und Birnen sind allerdings das ganze Jahr Bestandteil dieses Obst- und Gemüsesalates. In der Praxis werden diese mit drei bis fünf anderen Obst- und Gemüsesorten ergänzt. Hierzu zählen unter anderem Weintrauben, Papaya, Banane, Paprika, Kiwi, Orange, Zucchini, Brokkoli, Gurke, Salat und Löwenzahn. Weitere Alternativen sind unter den Obstsorten Mandarinen, Ananas, Pfirsiche, Pflaumen, Nektarinen, Kirschen, Stachelbeeren, Erdbeeren und Johannisbeeren.

Bei den Gemüsesorten bieten sich noch Spinat, Radieschen oder Mais an. Gerade letzterer eignet sich auch zum Lagern in der Tiefkühltruhe und kann dann ganzjährig gereicht werden. Den Amazonen schmeckt er am besten im halbreifen Zustand. Zum Einfrieren sollte er aber bereits leicht gelblich sein, da der milchreife Mais nach dem Auftauen matschig ist und dann von den Vögeln nicht mehr gern angenommen wird.

Unter den Wildpflanzen bieten sich vor allem die beliebten Holunder-, Ebereschen- und Weißdornbeeren sowie die Hagebutten als Ergänzung an. Auch die letzten drei Sorten eignen sich gut zum Einfrieren.

In der Brut- und Aufzuchtszeit - zwischen Februar und September - wird dem Futter im Loro Parque noch eine Kochfuttermischung beigegeben, die für die Tiere leicht verdaulich ist und durch ihren höheren Proteingehalt brutstimulierend wirken soll. Sie enthält vor allem Hülsenfrüchte wie diverse Bohnen und Erbsen, aber auch Mais. Dieses Frischfutter wird bewusst nur morgens gegeben, da es gerade in der warmen Jahreszeit leicht verderblich ist. Dementsprechend werden die Reste davon auch bald wieder aus dem Käfig genommen.

Als Alternative zur Kochfuttermischung bietet sich sowohl für die Zucht als auch für die Heimvogelhalter ein Keimfutter an. Der Handel hält mehrere Mischungen für größere Papageienarten bereit. Viele Halter und Züchter verwenden aber zum Ankeimen auch gerne ein Tauben-Diätfutter, das verhältnismäßig viele Hülsenfrüchte enthält. Angereichert werden sollte dieses aber dann noch mit einer kleinen Menge Sonnenblumenkerne sowie mit Hafer und Weizen, die einen hohen Anteil an Vitamin B enthalten. Bei der Zubereitung des Keimfutters muss unbedingte Hygiene eingehalten werden. Der Handel hält auch spezielle Keimschalen bereit, deren Kauf sich sicher lohnt, die aber auch von Zeit zu Zeit desinfiziert werden müssen.

Tipp 18: Wer Keimfutter selbst zubereiten möchte, sollte folgendermaßen vorgehen:

1. Körnermischung in einem Sieb gut abspülen und säubern.
2. Mischung in einen Behälter mit Wasser geben.
3. Behälter ca. 6 Stunden an einem warmen Ort aufstellen.
4. Mischung erneut durchspülen und dann auf einem Sieb ausbreiten.
5. ca. weitere 6 bis 12 Stunden warten, bis die Keimlinge durchbrechen.

Das Keimfutter ist dann am vitaminreichsten, wenn die Keime gerade erscheinen.

Obst, Gemüse und eine Kochfuttermischung sowie Keimfutter

gehören zu einer gesunden Ernährung von Amazonen.

Eine Amazonen-Samenmischung

sollte so bemessen werden, dass sie bis zur nächsten Fütterung vollständig aufgefressen worden ist.

Etwa sechs Stunden später, gegen 14 Uhr, erhalten die Amazonen im Loro Parque die zweite Fütterung, die aus einer trockenen Samenmischung besteht. Sie enthält vor allem Hafer, Weizen, Mais, Buchweizen, Paddy-Reis, Sonnenblumenkerne, Sorghum, Dari, Hanf, Kanariensaat und diverse Hirsesorten sowie getrocknete rote Pfefferschoten und Hagebutten. Diese Mischung wird außerhalb der Brutzeit so bemessen, dass sie bis zur nächsten Fütterung komplett aufgefressen ist. In der Brutzeit wird die Menge dieser Mischung etwas erhöht, um den Tieren den Überfluss in der Natur zu simulieren, der mit ein Grund für die Brutaktivitäten der Tiere darstellt. Nur wenn eine ausreichende Nahrungsgrundlage (beispielsweise nach der Regenzeit) gegeben ist, schreiten die Amazonen zur Brut, ansonsten könnten sie ihre Jungttiere nicht ausreichend versorgen.

Hält man die Tiere während der Brutzeit in der Nahrung zu knapp, kann dies ein Grund dafür seine, dass die Tiere nicht zur Brut schreiten. Im Gegenzug sollte man außerhalb der Brutzeit das Nahrungsangebot deutlich herunterfahren, da ansonsten die Gefahr besteht, dass die Vögel bei einem Futterüberangebot leicht verfetten. Unter den rund 350 Papageienarten neigen gerade Amazonen dazu, Fett anzusetzen. Geht man aber mit übergewichtigen Tieren in die neue Brutsaison, so ist die Enttäuschung oft groß, wenn man als Folge der Verfettung nur unbefruchtete Eier bekommt.

Eine ausgewogene Ernährung, die der Jahreszeit angepasst ist und die jahreszeitlichen Schwankungen berücksichtigt, ist sicherlich nicht ganz einfach und erfordert vom Halter eine Portion Fingerspitzengefühl. Aber genau hierin liegt oft der Schlüssel zum Erfolg, und deshalb sollte man diesen Bereich nicht unterschätzen. Eine Fütterung, die das ganze Jahr gleich gut ist, ist zwar oft gut gemeint, wird den Tieren und deren natürlichen Jahresrhythmus aber nicht gerecht und führt bald zu Enttäuschungen in der Zucht.

Tipp 19: Wichtig für das Wohlbefinden ist eine den Bedürfnissen der Tiere angepasste tägliche Routine. Man sollte darauf achten, dass die Amazonen möglichst immer etwa zur gleichen Zeit gefüttert werden, damit diese sich an den Fressrhythmus gewöhnen können.

Aber auch der Halter von Amazonen, der keine Zuchtabsichten hegt, sollte seine Tiere nicht ganzjährig nach dem gleichen Schema füttern, sondern auch er sollte Abwechslung auf den Speiseplan bringen. Saisonale Schwankungen können durch unterschiedliche Obst- und Gemüsesorten simuliert werden, aber auch in den angebotenen Mengen einzelner Futterbestandteile sollten Schwankungen simuliert werden. Unter dem Strich kommt dies der Gesundheit der Tiere zugute, da so eine einseitige und möglicherweise schädliche Ernährung vermieden wird.

Qualität und Quantität des angebotenen Futters sind die beiden ausschlaggebenden Begriffe, die bei einer optimalen Futterversorgung für Amazonen beachtet werden müssen.

Qualität des Futters

Man sollte immer nur beste Qualität bei den ausgesuchten Obst- und Gemüsesorten verwenden, angeschimmeltes oder schon leicht verdorbenes Obst hat nichts in der Papageienernährung zu suchen, auch nicht, wenn man befallene Stellen ausschneidet.

Die Körnermischungen sollten eine saubere Qualität aufweisen. Das Futter darf nicht staubig und die Körner auf keinen Fall mit Futtermilben befallen sein. Futter, das womöglich bereits ranzig riecht, ist gesundheitsschädlich.

Quantität des Futters

Wie bereits beschrieben, verfetten Amazonen bei zu hohen Futtergaben sehr leicht, deshalb ist auf eine strikte Verabreichung der Futtermenge zu achten.

Zunächst sollte man zwei Bereiche unterscheiden: Zum einen ist dies der Erhaltungsstoffwechsel und zum anderen der Stoffwechsel während der Belastung durch Zucht, Mauser oder Krankheit.

Als ersten Ansatzpunkt hinsichtlich der anzubietenden Futtermenge kann man für den Erhaltungsstoffwechsel einer Amazone etwa fünf Prozent ihrer Körpermasse pro Tag annehmen. Das bedeutet für einen Vogel mit einem Gewicht von 400 g, dass die Menge an Körnerfutter etwa 20 g pro Tag ausmachen sollte. Wiegen Sie sich diese Menge einmal genau ab, und sie werden erstaunt sein, wie wenig Futter das ist. Zusätzlich gereichtes Obst fließt in diese Berechnung nicht mit ein.

In Zeiten erhöhter Stoffwechselaktivität kann die Futtermenge auf acht Prozent erhöht werden. Wichtig: Werden Jungtiere aufgezogen, darf die Futtermenge nicht limitiert sein, und es muss jederzeit genügend Futter zur Verfügung stehen.

Obst und Gemüse

sollten nur in bester Qualität verfüttert werden.

Handelsübliche, als Papageienfutter deklarierte Samenmischungen sind aber nicht immer optimal für die Amazonenfütterung geeignet. Ein als

Mehrere Futterstellen in der Gruppenhaltung

von Amazonen – hier Weißstirnamazonen – vermeiden Aggressionen.

Papageienfutter bezeichnetes Vogelfutter ist meist so konzipiert, dass es von den meisten Papageien gerne gefressen wird. Hinter dieser Praxis steht der Grundgedanke, dass der Halter das Gefühl hat, seine Amazone ausreichend zu ernähren, und gelegentlich der Trugschluss, die Tiere wüssten instinktiv schon selbst, was ihnen bekömmlich wäre. Tatsächlich besteht solch eine Mischung aber meist aus einem sehr hohen Anteil der wohlschmeckenden fetthaltigen Samen wie Sonnenblumenkerne, Kardi-Saat oder gar Erdnüsse. Dieses Futter wird von den Amazonen grundsätzlich auch gerne gefressen, enthält aber zuviel Energie für die Amazonen, so dass diese auch bei limitiertem Angebot oft übergewichtig werden.

Einige Firmen haben sich jedoch auf die unterschiedlichen Ansprüche der verschiedenen Papageienarten eingestellt. Heute gibt es spezielle Amazonen-Diätfuttermischungen, die pro 100 g geschälten Futters in der Regel einen Energiegehalt von etwa 1.700 KJ haben. Im Gegensatz hierzu liegen die Arafuttermischungen ungefähr bei einem Energiegehalt von etwa 2.200 KJ.

Viele der handelsüblichen Papageienfuttermischungen ähneln in ihrem Energiegehalt jedoch der zuvor angeführten Aramischung. Frisst nun eine Amazone die gleiche Futtermenge solch einer Mischung, hat sie eine zu hohe Energieaufnahme und verfettet. Deshalb sollten Heimvogelhalter als auch Züchter für ihre Amazonen ein entsprechendes Amazonen-Diätfutter verabreichen, das inzwischen ebenfalls von einigen Firmen angeboten wird. Freilich darf man sich hierbei nicht blind auf die aufgedruckte Bezeichnung verlassen, sondern sollte selbst die Angaben bzw. den Inhalt und die Zusammensetzung auf ihre Eignung für Amazonen untersuchen.

Tipp 20: Die Ernährung der Amazonen in den Gruppenvolieren sollte zwei Mal täglich erfolgen. Es ist unbedingt darauf zu achten, dass mehrere Futterstellen eingerichtet werden, damit die Tiere nach der Fütterung alle gemeinsam fressen können und es nicht wegen Futterneids zu Aggressionen in der Gruppe kommt.

Selbst wenn man die Idealmischung für die Tiere gefunden hat, ist in der Amazonenernährung vor

Tipp 21: Zu fette Amazonenmännchen befruchten nur sehr schlecht oder gar nicht. Deshalb ist in solchen Fällen eine kontrollierte Gewichtsreduktion für einen Erfolg unerlässlich.

allem Fingerspitzengefühl gefragt, damit man genau die benötigten Nahrungsmengen gibt, die die Tiere brauchen.

Grundsätzlich sollte man mindestens einmal jährlich seine Amazonen morgens im „nüchternen" Zustand wiegen, um Vergleichsdaten des körperlichen Zustandes der Tiere zu haben. Wird die Körpermasse von Jahr zu Jahr mehr, sollte das Futter für eine gewisse Diätphase reduziert werden. Dabei ist regelmäßiges Wiegen erforderlich, um Gewicht zu überprüfen.

Die Beurteilung der körperlichen Verfassung einer Amazone ist am leichtesten über die Einschätzung der Brustmuskulatur zu überprüfen. Dazu hält man die Amazone in einer Hand, und mit der anderen tastet man das Brustbein ab. Bei übergewichtigen Tiere ist dieses kaum zu spüren, bei zu dünnen Tieren steht es dagegen messerscharf hervor. Ein gesundes Mittelmaß ist richtig.

Sie sehen also, dass die Frage nach der Futtermenge (Quantität), die gegeben werden soll, nicht einfach zu beantworten ist und etwas Erfahrung und Fingerspitzengefühl verlangt. Sie hat neben der Frage der Qualität des Futters den gleichen Stellenwert.

Vitamine

Bei einer ausgewogenen Ernährung sind eigentlich keine zusätzlichen Vitamingaben mehr notwendig. Insbesondere die zuvor beschriebene Hauptfütterung mit Obst, Gemüse und Grünfutter sorgt in der Regel für eine ausreichende Versorgung. Insbesondere das vitaminreiche natürlich Grünfutter fehlt aber oft in den Wintermonaten, und deshalb sollte man in dieser Zeit das Futter durch regelmäßige Vitamingaben, die über das Futter verabreicht werden, komplettieren. Dazu stehen im Fachhandel eine Reihe guter Produkte zur Verfügung.

Multivitaminpräparate sollten nach Angaben des Herstellers, mindestens jedoch einmal wöchentlich verabreicht werden. Überdosierungen sind auf jeden Fall zu vermeiden, da sie zu ernsthaften Erkrankungen der Amazonen führen können.

Tipp 22: In der Zeit einer gezielten Limitierung des Futters zur Gewichtsreduzierung muss das Futter mindestens zweimal täglich – morgens und nachmittags – gereicht werden, ansonsten würde eine fastende Amazone alles Futter gleich morgens fressen und hätte dann den ganzen restlichen Tag nichts mehr, was zu lautstarkem Protest des Tieres führen würde.

Grünfutter wie Löwenzahn ist eine ideale Vitaminquelle

und sollte regelmäßig gereicht werden; nur in den Wintermonaten ist eine zusätzliche Vitaminversorgung notwendig.

oben: Papageien-Kalkstein; rechts: Vitamin- und Mineralstoffe können über das Obst gestreut werden.

Mineralstoffe und Spurenelemente

Zur Mineralstoffversorgung der Amazonen reicht in der Regel ein entsprechender Papageienkalkstein aus, der ebenfalls im Fachhandel zu beziehen ist. Er sorgt nicht nur für die entsprechende Mineralstoff- und insbesondere Kalziumversorgung, sondern hilft auch beim Wetzen des Schnabels. Amazonen nehmen einen solchen Stein in der Regel gerne an, deshalb sollte er auch immer zur Verfügung stehen.

Im Handel gibt es kombinierte Vitamin- Mineralstoffpräparate, die durchaus empfehlenswert sind, dennoch sollte auf entsprechende Kalksteine nicht verzichtet werden, da er oft der entscheidende Faktor für die natürliche Abnutzung des Schnabelhorns darstellt.

Trinkwasser

Als Trinkwasser eignet sich sauberes Leitungswasser bestens. Zusätze, die gelegentlich im Handel angeboten werden und einer bakteriellen Verunreinigung des Wassers entgegenwirken sollen, sind unnötig. Es muss allerdings darauf geachtet werden, dass das Wasser jeden Tag frisch gegeben wird, und es muss bei Verschmutzung durch Kot oder Futterreste notfalls mehrmals täglich ausgewechselt werden.

Leitungswasser ist auch für Amazonen zum Trinken geeignet.

Tipp 23: Als weiterführende Literatur zum Thema „Die Ernährung der Papageien und Sittiche“ sei das gleichnamige Buch von Hans- Jürgen Künne sowie „Obst, Gemüse und exotische Früchte für Papageien und Sittiche“ von Volker Würth, beide im Arndt-Verlag erschienen, empfohlen.

Zucht von Amazonen

Eine tier- und artgerechte Unterbringung von Papageien, wie sie vom Gesetzgeber gefordert wird, beinhaltet in erster Linie das Ausleben der natürlichen Verhaltensweisen der Papageien. Eine für adulte Papageien ganz entscheidende Phase im Jahr ist hierbei die Brutzeit. Gerade Amazonen, die in Menschenobhut gehalten werden und ihren Bruttrieb mangels geeigneten Partners oder mangels geeigneter Brutmöglichkeiten nicht ausleben können, werden oftmals zu Problemfällen. Männchen zeigen dieses Phänomen öfter als Weibchen. So kann bei ihnen beispielsweise das Rupfen des eigenen Gefieders durchaus auch die Ursache in einem unterdrückten Bruttrieb haben. Schon allein deshalb sollte man bei der Haltung von Amazonen den Tieren auch immer die freie Wahl lassen, ob sie ihren Bruttrieb ausleben wollen oder nicht.

Die Amazonen gehören zu den beliebtesten Papageien bei Züchtern und Haltern überhaupt. Wie bereits im ersten Teil dieses Buches angeführt, ist die Gattung der Amazonen mit 29 Arten und zahlreichen Unterarten sehr vielfältig strukturiert. Die Grundfärbung ist bei den meisten Arten grün mit einer Variation in der Kopffärbung und in der Größe. So sind die kleinsten Amazonen wie die Weißstirn- (*A. albifrons*) oder die Goldzügelamazone (*A. xantholora*) gerade einmal 25 cm groß und wiegen etwa 200 g, während die größten Amazonenarten wie die Kaiser- (*A. imperialis*) oder die Mülleramazone (*A. farinosa*) etwa 45 cm groß werden und ein Gewicht von bis zu 1.000 g erreichen. Entsprechend diesen unterschiedlichen Größen der Tiere sind auch die Bedürfnisse der Tiere hinsichtlich ihrer Zucht unterschiedlich.

Dem versucht auch ein Sachverständigen-Gutachten zu den Mindestanforderungen an die Haltung von Papageien Rechnung zu tragen, das vom Bundesministerium für Ernährung, Landwirtschaft und Forsten im Jahre 1995 in Auftrag gegeben wurde und das bindend für all jene Papageienfreunde ist, die ihre Vögel zur Zucht halten. Es sieht für Amazonen folgende Mindestmaße für die Dauerunterbringung vor:

Für Tiere bis 40 cm Körperlänge: 2 m Länge x 1 m Breite x 1 m Höhe mit einer Grundfläche des Schutzraumes von 1 qm.

Für Tiere über 40 cm Körperlänge: 3 m Länge x 1 m Breite x 1 m Höhe mit einer Grundfläche des Schutzraumes von 2 qm.

Bei diese Werten handelt es sich um absolute Mindestmaße, die in erster Linie dem Schutz der Vögel dienen und bei einer beabsichtigten Zucht nicht als Maßstab herangezogen werden sollten. Um einen Zuchterfolg einigermaßen sicher zu erreichen, sollte man die Gehege wesentlich

Kleine Amazonen

wie diese Goldzügelamazone haben andere Bedürfnisse hinsichtlich der Zucht als die größeren Vertreter der Gattung.

Ein sicheres Paar

ist die Voraussetzung für jede Zucht mit Amazonen; das Bild zeigt ein Paar Kuba-Amazonen

großzügiger bemessen, wie später beschrieben wird. Nach dem Grundsatz „Je größer, desto besser“ werden es die Tiere später mit gesundem Nachwuchs sowie einem vitaleren Verhalten und besserer Gesundheit danken, wenn man ihnen große Gehege für die Dauerunterbringung zur Verfügung stellt. Hinzu kommt, dass man sehr viel mehr Spaß bei der Beobachtung seiner Tiere und ihren Jungen hat, wenn man diese beispielsweise im Flug beobachten kann und nicht nur, wenn sie von einer Stange auf die andere klettern.

Grundvoraussetzung für die Zucht

Ein sicheres Paar

Vor zwanzig Jahren wäre dieser Abschnitt noch wesentlich länger ausgefallen und hätte die verschiedenartigsten Methoden und Theorien enthalten, wie man das Geschlecht von Amazonen bestimmt. Die Färbung, das Gewicht, der Körperbau oder die Kopfform wurden zu Hilfe genommen, und nicht wenige Züchter schworen auf die Pendelmethode, bei der die Schwingungsrichtung des Pendels das Geschlecht verraten sollte. Wie nicht anders zu erwarten, lag die Chance bei 50 Prozent, ein Männchen oder ein Weibchen als solche auch richtig zu erkennen. Heute haben sich zwei Methoden herauskristallisiert, mit deren Hilfe das Geschlecht sicher erkannt werden kann.

Seit den 80er Jahren des vorigen Jahrhunderts wird die Endoskopie eingesetzt, bei der ein Endoskop unter Narkose in die Bauchhöhle des Vogels eingeführt wird, mit dessen Hilfe der Tierarzt erkennen kann, ob Hoden oder Eierstöcke vorhanden sind. Nachteil dieser Methode ist eindeutig, dass es sich um einen medizinischen Eingriff handelt, der das Tier körperlich belastet und bei dem im schlimmsten Fall Organe verletzt werden können oder das Tier nicht mehr aus der Narkose erwacht. Gelegentlich kann dabei auch das Geschlecht nicht eindeutig bestimmt werden, was bei jungen oder verfetteten Tieren der Fall ist.

Vorteil dieser Methode ist, dass der Tierarzt aber auch gleich eine Aussage über den Gesundheitszustand der Organe geben kann. Insbesondere kann er meist auch beurteilen, ob es sich bei der Amazone um ein für die Zucht taugliches Tier handelt oder ob z.B. die Hoden oder Eierstöcke bereits so degeneriert sind, dass mit einer Befruchtung oder Eiablage nicht mehr zu rechnen ist. Dieser Vorteil ist nicht zu unterschätzen. Der Eingriff sollte nur von einem erfahrenen Tierarzt durchgeführt werden, der sich auf die Behandlung von Vögeln spezialisiert hat.

Bei der zweiten Methode handelt es sich um die Chromosomenuntersuchung des Blutes. Hierbei wird den Vögeln lediglich eine noch nicht voll entwickelte Feder mit einem noch Blut enthaltenen Kiel ausgerupft, die dann in einem kleinen Spezialbehälter zum jeweilige Institut geschickt wird, von dem man zuvor auch das benötigte Material erhalten hat. Nach wenigen Tagen bekommt man das Ergebnis schriftlich zugesandt.

Vorteile dieser Methode sind natürlich, dass sie bereits bei größeren Nestlingen durchgeführt werden kann und die Gefahr für die Gesundheit des Tieres minimal ist. Der Nachteil ist, dass sie keine Aussage über den Gesundheitszustand oder die Brutkondition geben kann. Adressen von Instituten, die solch eine Chromosomenbestimmung durchführen, findet man in den Fachzeitschriften (z.B. in PAPAGEIEN).

Harmonisches Paar

Leider garantiert das Zusammensetzen eines Amazonenweibchens und eines Männchens noch keinen Bruterfolg. Voraussetzung für diesen

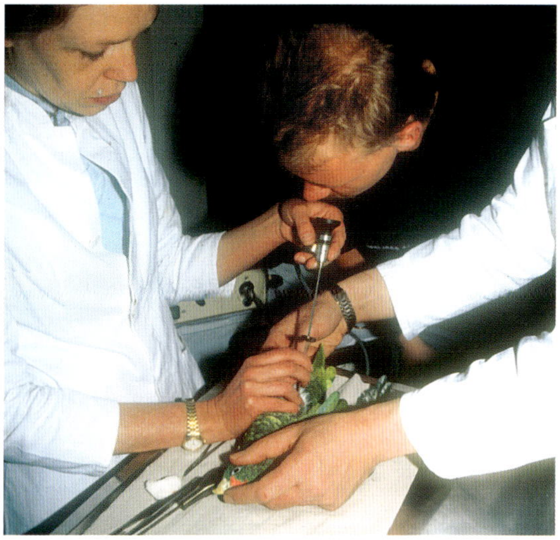

Endoskopie

einer Tucumàn-Amazone

ist ein Paar, das miteinander harmoniert. Die beste Methode, an solch ein Amazonenpaar zu kommen, ist der Erwerb eines Paares, das bereits einige Zeit zusammen lebt und sich eindeutig harmonisch zueinander verhält.

Da solche Paare aber nur selten zur Verfügung stehen, wird man zu einer der weiteren Alternativen greifen müssen. So sollte man sich mehrere Tiere einer Art in einem ausgeglichenen Geschlechterverhältnis anschaffen. Diese werden in einer großen Flugvoliere zusammengesetzt und beobachtet. Im Loro Parque hat es sich bewährt, an solche großen Gemeinschaftsvolieren noch kleine Abtrennabteile mit einer Falltüre anzugliedern. Ein in der Abtrennvoliere installierter Nistkasten lockt die Paare in diese. Wenn man sich ganz sicher ist, ein echtes Paare gefunden zu haben, lässt man einfach die an einem Stahlseil oder an einer Schnur befestigte Falltüre herab und das neue Paar ist eindeutig von der Gruppe abgetrennt. Es wird anschließend in eine zur Zucht vorgesehene Voliere überführt. Paare, die sich frei aus einer Gruppe finden können, sind sogenannte „Liebespaare“. Sie sind immer Zwangsverpaarungen, die vom Menschen vorgenommen werden, vorzuziehen, da sich die Vögel frei füreinander entschieden haben. Die Aus-

Die Verpaarung von Jungtieren ist problemlos

und hat den Vorteil, dass die Vögel später leichter zur Brut schreiten; das Bild zeigt ein Paar Goldmasken-amazonen.

sicht auf ein harmonisches Zusammenleben und den Nachwuchs sind bei ihnen deutlich besser als in Fällen ohne freie Auswahl.

Dennoch kommt der Züchter oftmals nicht darum herum, direkte Verpaarungen zweier Tiere mangels weiterer Exemplare der gleichen Art vorzunehmen. Dies sollte dann sehr vorsichtig und mit viel Fingerspitzengefühl geschehen. Niemals sollte man einfach ein neues Tier zu einem schon im Gehege eingewöhnten Vogel dazu setzen. Gerade ältere Amazonen können, egal welchen Geschlechtes, sehr aggressiv auf neue Tiere reagieren. Selbst das gleichzeitige Zusammenbringen in einem für beide neuen Gehege ist bei älteren Amazonen nicht immer von Erfolg gekrönt.

Ein vorsichtiges Aneinandergewöhnen ist der bessere Weg für eine Verpaarung. Dazu setzt man das Weibchen in das vorgesehene Gehege und das Männchen in einen kleinen Käfig direkt davor. Nun können sich die Tiere in aller Ruhe kennen lernen. Das Geschrei wird zunächst groß sein, da Amazonen fast alles, was sich in ihrer Umgebung ändert, immer mit lautstarkem Gezeter kommentieren. Man sollte den Vogel wenigstens eine Woche in dem kleinen Käfig sitzen lassen, um sicher zu sein, dass sich die Tiere kennen gelernt haben. Danach öffnet man den Käfig und entlässt das Männchen in das Gehege. Auch dieser Teil der Verpaarung wird wieder mit Geschrei kommentiert. Beide Tiere schreien sich lautstark an, aber nur in den seltensten Fällen kommt es zu Aggressionen, die zu Verletzungen führen. Dennoch sollte man sich für eine Umsetzung etwas Zeit nehmen und das Geschehen aus sicherer Entfernung beobachten, damit die Tiere sich nicht noch zusätzlich gestört fühlen. – Für den Notfall sollte man einen Kescher zur Verfügung haben, um bei Aggressionen eingreifen zu können. Ein Schlichten mit bloßer Hand ist gefährlich, da sich raufende Amazonen auch schnell in eine Menschenhand verbeißen können, was zu starken Verletzungen führen kann.

Diese Methode wird im Loro Parque mit großem Erfolg eingesetzt, und in etwa 95 % der Fälle erhält man danach auch ein harmonisches Paar, das sich zur Zucht eignet.

Manchmal kann ein Zusammengewöhnungsprozess auch etwas mehr Zeit in Anspruch nehmen, und wenn der erste Verpaarungsversuch fehl schlägt, sollte man nicht gleich die „Flinte ins Korn“ werfen und alles aufgeben. Ein erneutes Aneinandergewöhnen und Zusammensetzen in einem anderen Gehege bringt vielleicht doch noch das gewünschte Ergebnis.

Ein Verpaaren von jungen Amazonen bis zu einem Alter von einem Jahr verläuft hingegen

Tipp 24: Harmonische Paare erkennt man daran, dass sie oft Körperkontakt haben und in Ruhezeiten während des Tages oder nachts direkt nebeneinander sitzen und sich dabei berühren.

meist völlig problemlos ab, da das Aggressionspotential der Tiere noch nicht stark ausgebildet ist. Erst geschlechtsreife Tiere sind meist viel schwieriger zu verpaaren und verlangen mehr Aufmerksamkeit. Ein junges Paar hingegen, das innerhalb des ersten Lebensjahres aneinander gewöhnt wurde und das sich versteht, wird auch nach der Geschlechtsreife in der Regel problemlos zur Zucht schreiten.

Paare, bei denen die „Partner" jeweils in einer anderen Ecke der Voliere schlafen und sich tagsüber nicht miteinander beschäftigen, zeigen dadurch in der Regel auch, dass sie sich nicht sympathisch sind.

Optimale Unterbringung

Die ideale Unterbringungsmöglichkeit für Amazonen, die zur Zucht vorgesehen sind, stellt die Freivoliere im Garten mit angrenzendem Schutzraum für kühlere Tage dar. In Gegenden, die keine Minusgrade erreichen, kann auch die ganzjährige Unterbringung in reinen Freivolieren erfolgen.

Die Konstruktion der Voliere sollte aus Metall bestehen, da Amazonen sehr gerne nagen und trotz regelmäßiger Frischholzgaben auch die Volierenkonstruktion nicht verschonen.

Das absolute Minimum, das man selbst für die kleineren Amazonen-Arten als Gehegegröße für die Zucht vorsehen sollte, ist eine Länge von drei Metern. Eine fünf Meter lange Voliere bietet den Tieren hingegen schon deutlich mehr Bewegungsfreiraum. Für größere Arten sollte man ruhig ein bis zwei Meter oder mehr hinzurechnen. Die Breite ist nicht so entscheidend, sollte aber bei wenigstens 1,5 m bis 2 m liegen. Dies gilt auch für die Höhe, die zwischen 2 m und 3 m betragen sollte. Noch höhere Volieren bieten den Vorteil, dass sich hier die Amazonen etwas sicherer fühlen, was sich positiv auf die Brutbereitschaft auswirkt.

Die Zuchtvoliere

sollte so groß wie möglich sein, um den Vögeln wie diesen Gelbnackenamazonen ausreichend Bewegung zu bieten,

Tipp 25: Entscheidend für das Wohlbefinden der Tiere in einem Gehege ist in erster Linie die Länge desselben. Ein Mindestmaß von einem Meter Breite und einem Meter Höhe (bei Hängegehegen) sollte dennoch nicht unterschritten werden, da ansonsten die Flugmöglichkeiten der Vögel wieder eingeschränkt werden.

Ob man sich für die Unterbringung in Hängegehegen oder die Unterbringung in Gehegen, die bis zum Boden reichen, entscheidet, bleibt dem Halter überlassen. Amazonen nutzen den Boden ausgesprochen selten, so dass auch Hängegehege für die Tiere keine große Einschränkung bedeuten.

Wieso sind diese Größenmaße - hier insbesondere die Länge - bei der Amazonenzucht so wichtig? Da Amazonen leicht zur Fettleibigkeit neigen und grundsätzlich zu den Papageien gehören, die in ihren Bewegungen etwas behäbiger und „bewegungsfauler" sind, kann es bei zu reichhaltiger

Der Nistkasten

sollte der Größe der Amazonen angepasst sein; das Bild zeigt ein Paar Weißstirnamazonen.

Fütterung leicht zu Verfettungen kommen. Das ist der häufigste Grund für Misserfolge in der Amazonenzucht. Während auch etwas „fülligere" Weibchen durchaus noch Eier legen, gelingt es fetten Männchen meist nicht mehr, diese zu befruchten. Hieraus resultiert eine große Anzahl von unbefruchteten Amazoneneiern. Selbst „alte Hasen" unter den Amazonenzüchtern wollen dies oft nicht wahrhaben und legen sich die verschiedensten Ausreden zurecht, anstatt sich schlichtweg einzugestehen, dass ihre Amazonen-Männchen zu fett sind.

Deshalb sind der folgende Merksatz und die daraus folgende Konsequenz für jeden Züchter sehr wichtig: Je größer die Voliere, desto besser die Möglichkeit für die Amazonen, körperlich durch Bewegung fit zu bleiben, und dies ist das A und O für eine erfolgreiche Amazonenzucht. Deshalb sparen sie nicht in der Größe des Geheges, eine etwas längere Voliere wird sich später meist vielfach bewähren.

Ein weiterer Grund, der für großzügiger bemessene Gehege spricht, ist die gesteigerte Aggressivität der Amazonen während der Zuchtsaison. In kleineren Gehegen kann es immer wieder vorkommen, dass das Männchen - in seltenen Fällen auch das Weibchen - so aggressiv gegenüber dem Partner wird, dass es diesen schwer verletzt oder sogar tötet. Da in größeren Volieren mehr Ausweichmöglichkeiten bestehen, ist diese Gefahr hier wesentlich geringer.

Nisthöhle

Das wichtigste Utensil zur Zucht von Amazonen stellt die Nisthöhle dar. Amazonen sind in deren Auswahl relativ unproblematisch und nicht sehr anspruchsvoll. Wird ein Nistkasten, der den üblichen Maßen und der bewährten Ausführung entspricht, nicht angenommen, so liegt dies meist in anderem begründet, z. B. in einer fehlenden Brutstimmung.

Um den Tieren eine gewisse Auswahl an Nistmöglichkeiten zu bieten, sollten ihnen aber immer mindestens zwei Nisthöhlen zur Verfügung gestellt werden. In der Natur hat man beobachtet, dass Tiere, die in einer Höhle nicht erfolgreich gebrütet hatten, diese meist nicht wieder für ein Nachgelege nutzten, sondern sich eine andere Höhle für eine zweite Brut suchten. Da die selbe Situation auch in Menschenobhut eintreten kann, ist dies allein Grund genug, mindestens zwei Höhlen aufzuhängen.

Als Grundmodell eignen sich Holznistkästen mit den Maßen 25 cm x 25 cm für die kleineren Arten und 30 cm x 30 cm für die größeren. Die Höhe sollte zwischen 50 und 70 cm betragen, wobei ein Loch im oberen Drittel der Kiste als Einschlupf dient. Es sollte der Größe der Amazonenart angepasst sein und zwischen 8 cm für die kleineren Amazonen bis hin zu 12 cm für die größeren Amazonen liegen. Die meisten Tiere werden sich, wenn die Brutstimmung naht, ohnehin sehr intensiv mit der Bearbeitung des Eingangsloches beschäftigen, indem sie es ausgiebig benagen und stets noch etwas erweitern.

Als Holz für die Nistkästen eignen sich praktisch alle im Handel erhältlichen Sorten, wobei darauf zu achten ist, dass es unbehandelt ist und die Brettstärke nicht unter 15 mm liegt.

Grundsätzlich kann man für Amazonen auch Naturhöhlen verwenden. Das sind Baumstämme, in denen sich natürliche Höhlen gebildet haben. Sie werden ebenfalls sehr gerne angenommen und von den Tieren sehr intensiv bearbeitet, da sie nicht wie künstlich hergestellte Bretternistkästen glatte Wände haben. Oftmals sind die Innenwände sehr eng und rau, und vor allem kleine Höhlen werden von den Amazonen durch intensive Nagearbeit erst noch bearbeitet und erweitert. Auch während des eigentlichen Brütens beugen solche Naturhöhlen der Langeweile des Weibchens vor, da es immer wieder während des stundenlangen Sitzens auf den Eiern an den Wänden des Niststammes zu nagen beginnt.

Benutzt man dagegen Bretternistkästen, sollte man zusätzlich ein oder zwei größere Holzstücke in den Innenraum legen, damit brütende Weibchen auch ihrem Nagedrang nachgehen können. Diese Holzstücke werden dann meist regelmäßig benagt, mit der Zeit zerkleinert und damit als Nistmaterial verwendet.

Als Einstreu in die Höhle, egal ob Bretter- oder Naturnisthöhle, hat sich das so genannte „Holzhäcksel“ gut bewährt. Das sind kleine Holzschnitzel, die noch von den Amazonen klein genagt werden können. Sägemehl ist als Einstreu ungeeignet, da sich der feine Staub auf den Atemwegen der Küken niedersetzen und diese verstopfen kann. Sägespäne sind ein Kompromiss. Sie bieten zwar nicht viel zu nagen, sind aber dennoch als weiche Unterlage für Eier und Junge gut geeignet. Allerdings ist streng darauf zu achten, dass nur Hobelspäne von unbehandeltem Holz genommen werden.

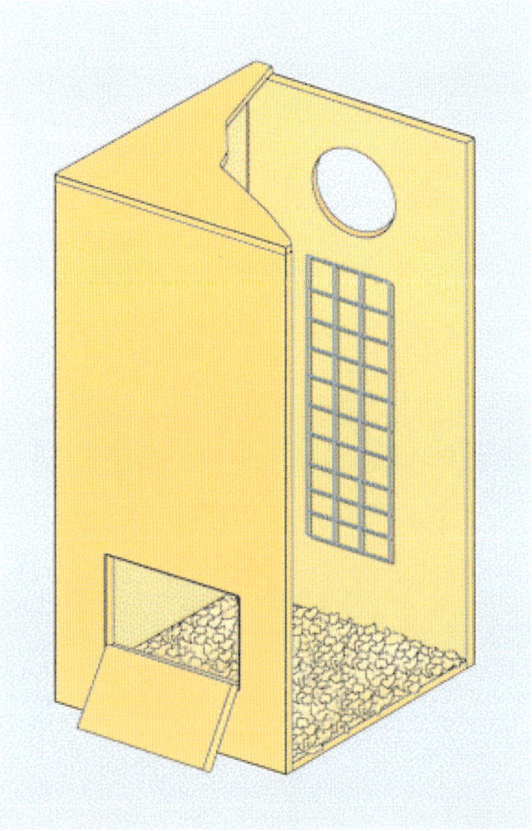

Grundriss eines Nistkastens,

wie er von den meisten Amazonenarten genutzt werden kann.

Die Einstreu sollte etwa 10 cm hoch in die Nisthöhle gegeben werden. Ist das den Tieren zu viel,

Tipp 26: Konstruiert man den Nistkasten gleichzeitig so, dass der Deckel abnehmbar oder wegklappbar ist, erleichtert dies ungemein seine jährliche Gesamtreinigung.

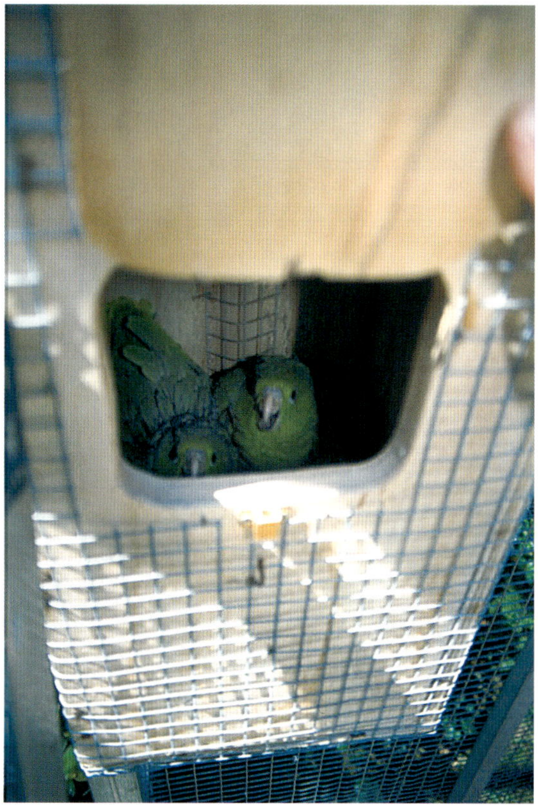

Eine Kontrollklappe ermöglicht es, Eier oder Jungvögel zu überprüfen; das Bild zeigt junge Soldatenamazonen.

wird ein Teil davon oft von den Amazonen selbst wieder aus der Höhle heraustransportiert.

Ganz wichtig ist die Ausstattung der Nisthöhle mit einer Kontrollklappe, die es dem Pfleger ermöglicht, das Brutgeschehen im Nistkasten regelmäßig zu überwachen. Diese Klappe sollte nicht zu klein gewählt werden, damit auch eine größere Männerhand bequem in die Nisthöhle hineinlangen kann. Da nach der Brutsaison, mindestens aber einmal jährlich, die Nisthöhle gereinigt und desinfiziert werden muss, ist eine größere Kontrolltüre auch hierbei von deutlichem Vorteil. Die Kontrolltüre sollte im unteren Drittel der Höhle so angebracht sein, dass beim Öffnen bequem das Gelege oder die Jungtiere in der Nestmulde erreicht werden können, ohne dass die Gefahr besteht, dass diese oder Nistmaterial womöglich herausfallen.

Tipp 27: Achten Sie darauf, dass vom als Steigehilfe angebrachten Draht keine spitzen Teile wegstehen, da sich die Tiere leicht daran verletzen können oder sogar mit ihrem Ring hängen bleiben.

Tipp 28: Um das Interesse an der Höhle und den Bruttrieb der Tiere noch etwas zu steigern, kann man das Eingangsloch des Nistkastens so mit Rinde oder weichem Holz verkleiden, dass nur ein etwa 2 cm großes Loch übrig bleibt. Die Amazonen werden dieses Loch sehr intensiv benagen und die Rinde bzw. das Holz Stück für Stück entfernen.

Bei Nistkästen, die aus glatten Brettern bestehen, muss man den Amazonen im Innern des Kastens eine Kletterhilfe anbringen, da es ansonsten geschehen kann, dass Tiere in einen Nistkasten hineinsteigen, aber dann nicht mehr herauskommen. Wenn man den Vorfall nicht rechtzeitig merkt, gehen die Vögel zu Grunde. Um dies zu vermeiden, eignet sich am besten ein Drahtgeflecht, das man unterhalb des Einstiegsloches anbringt und das bis etwa 10 cm oberhalb der Einstreu reicht. Nicht geeignet sind Absteigehilfen aus Holz, da diese gerne benagt werden und es vorkommen kann, dass der Vogel die Aussteigehilfen wegnagt und danach festsitzt. Das Steckenbleiben im Nistkasten betrifft weniger die adulten Vögel, ist aber eine regelmäßige Gefahr für Jungtiere. Im Gegenzug ermöglicht ihnen eine gute Steigehilfe aber ein zeitgerechtes Flüggewerden und Verlassen des Nistkastens.

Wohin mit dem Nistkasten?

Welches ist nun der geeignete Platz für das Anbringen der Nisthöhle innerhalb der Voliere? Da sich Papageien sicherer fühlen, je höher sie sitzen, gilt dies natürlich auch für ihren Nistplatz. Je weiter oben ein Nistplatz in der Voliere angebracht ist, desto schwieriger wird es für „potentielle Feinde", diesen zu erreichen, und desto eher wird eine Brut erfolgreich sein. Die Nisthöhle sollte deshalb immer im oberen Drittel eines Geheges angebracht sein.

Tipp 29: Hängt man Nisthöhlen von außen an die Voliere, sollte man diese an den Außenflächen mit Machendraht verkleiden, um bei einem eventuellen Durchnagen die Tiere am Entweichen zu hindern.

Der Nistkasten

wurde in diesem Fall von außen an die Voliere gehängt; die Gelbschulteramazone ist sichtlich zufrieden mit ihrem Brutplatz.

Bewährt hat es sich, die Nisthöhle so anzubringen, dass sie von außen geöffnet werden kann und man die Voliere nicht für eine Nistkastenkontrolle betreten muss. Ein Betreten der Voliere kommt immer einem Eindringen in den Lebensraum der Tiere gleich, und dies wird besonders während der Brutzeit als sehr störend und aufregend empfunden. So kann man in erster Linie zwei Methoden der Nistkastenanbringung in der Voliere empfehlen: Zum einen hängt man den Nistkasten ganz in die Voliere, so dass die Vögel die Möglichkeit haben, diesen von der Front und von den Seiten her zu benagen und zu bearbeiten. Die Rückwand zeigt dabei gegen das Gitter, und so genügt es, das Gitter an der Stelle der Kontrolltüre zu entfernen. Diese Methode ist in erster Linie für Naturnistkästen geeignet, da diese gerne von den Tieren bearbeitet werden. Benutzt man hingegen Bretternisthöhlen, kann man diese auch von außen an das Gitter hängen und nur das Gitter im Bereich des Einschlupfloches aussparen. Mit Ausnahme des Einschlupfloches entfällt dadurch das Benagen der Nisthöhle weitgehend, und sie hat eine längere Haltbarkeitsdauer. Dies sollte freilich kein Grund für diese Anbringungsweise sein, da das Benagen zum natürlichen Verhaltensspektrum der Amazonen gehört und eher gefördert als unterdrückt werden sollte.

In Volieren mit anschließendem Schutzhaus sollte man einen der Nistkästen im Innern, den anderen hingegen im Außenbereich anbringen.

Tipp 30: Man sollte den Tieren immer mindestens zwei Nisthöhlen zur Auswahl anbieten, im Idealfall eine Naturnisthöhle und einen aus Brettern gefertigten Nistkasten. Damit überlässt man den Tieren selbst die Auswahl, und die Chance ist größer, dass eine Höhle bezogen wird.

Weibchen und Männchen

müssen im Frühjahr zur gleichen Zeit in Brutstimmung kommen; das Bild zeigt ein Paar Blaukappenamazonen.

Jahreszeiten

Einen entscheidenden Einfluss auf die Brutstimmung der Amazonen haben unter anderem auch die Jahreszeiten und die damit verbundenen klimatischen Veränderungen. Betrachtet man sich die Herkunft der verschiedenen Amazonenarten, so reicht diese vom gemäßigten Klima Argentiniens, das teilweise an Bedingungen in Mitteleuropa erinnert, bis hin zum Tropenklima Brasiliens oder der Karibik in Äquatornähe. Dass hier unterschiedliche Einflüsse auf die verschiedenen Arten wirken, versteht sich bei näherer Betrachtung ihrer Habitate und Lebensräume von selbst.

Werden die südlicher bzw. nördlicher vorkommenden Amazonenarten sicherlich stärker durch die Tageslichtlänge beeinflusst, sind es bei den in Äquatornähe lebenden Arten eher das verfügbare Nahrungsangebot. Wie bereits im Freilebenteil beschrieben, brüten dementsprechend die verschiedenen Arten in unterschiedlichen Monaten.

Eines lässt sich jedoch immer feststellen: Alle Amazonenarten beginnen zu brüten, wenn im Jahreszyklus die Nahrungsquellen am reichlichsten zur Verfügung stehen. Weniger die zunehmenden Temperaturen im Frühjahr als vielmehr ein verbessertes und vielfältigeres Nahrungsspektrum, das eine optimale Jungenaufzucht ermöglicht, versetzt Amazonen in Brutlaune.

Die Steigerung der Brutstimmung ist aber nicht an einem einzigen Parameter festzumachen. Es ist vielmehr ein Zusammenspiel vieler unterschiedlicher Faktoren, die alle zusammen genommen in unterschiedlicher Gewichtung wirken und somit die Tiere in Brutstimmung bringen. So sind es hormonelle Regelmechanismen, die die Ei- bzw. Spermienproduktion der Tiere auslösen. Die gesteigerte Produktion von Geschlechtshormonen wird durch unterschiedliche Einflüsse ausgelöst. Das können zum einen die Tageslichtlänge, zum anderen das zur Verfügung stehende Nahrungsangebot oder auch die Stimulation durch den Partner oder andere Paare sein, um nur ein paar Beispiele zu nennen. Je mehr stimulierende Einflüsse auf das Tier wirken, desto mehr Geschlechtshormone werden im Körper produziert und um so schneller und intensiver kommt das Tier in Brutstimmung. Dabei werden die Geschlechtsorgane stärker durchblutet und in die Lage versetzt, je nach Geschlecht entweder Eier oder Spermien zu produzieren.

Als Züchter kann man diesen Vorgang im Frühjahr sehr stark unterstützen, indem man optimale Bedingungen für seine Tiere schafft. Wichtig dabei ist, dass Männchen und Weibchen gleichzeitig in Brutstimmung kommen, denn was nützt es, wenn die Weibchen Eier legen, aber die Männchen noch nicht fähig sind, Spermien zu produzieren. Deshalb beginnt die Brutvorbereitung nicht im Frühjahr, sondern eigentlich schon im Herbst zuvor.

Ruhephase im Winter

Im Herbst sollte man die Tageslichtlänge etwas herunterfahren. Bei einer Innenhaltung sollte die Zeit der natürlichen und künstlichen Beleuchtung nicht über 11 Stunden liegen, aber auch nicht 10 Stunden unterschreiten, um den Tieren genügend Möglichkeiten zur Nahrungsaufnahme zu geben.

rechts: Amazonen wie diese Bodinus-Amazone dürfen auch während der Ruhephase im Winter nicht unter 10 °C gehalten werden.

Winterruhephase

Die Beleuchtung in Innenräumen

sollte während der Winterruhephase nur zwischen 10 und 12 Stunden angelassen werden; das Bild zeigt ein Paar Tucumán- Amazonen.

Ebenfalls können die Temperaturen in den Aufenthaltsräumen etwas heruntergefahren werden, und es ist auf keinen Fall notwendig, gut eingewöhnte Tiere bei 20 °C oder höher zu halten. Dies gilt nicht für die mehr temperaturempfindlichen Arten wie die Rotspiegel-Amazone (*A. agilis*), die auf keinen Fall unter 20 °C gehalten werden sollten. Temperaturen unter 10 °C sollten aber auch bei den anderen Amazonen nicht unterschritten werden.

Das regelmäßige Duschen der Tiere sollte im Herbst höchstens einmal pro Woche durchgeführt werden.

Das Futter sollte auf das weiter unten beschriebene „Erhaltungsfutter“ umgestellt werden. Dabei

Tipp 31: Grundsätzlich sind Amazonen reine Saisonbrüter, das heißt für alle in unseren mitteleuropäischen Klimaten akklimatisierten Amazonen liegt die Brutzeit zwischen Februar und August, abhängig von den klimatischen Bedingungen der jeweiligen Region. Dieses Wissen sollte man nutzen, um seine Tiere optimal auf die neue Brutsaison vorbereiten zu können.

muss die Menge so bemessen sein, dass die Tiere bis zur nächsten Fütterung alles gefressen haben und nichts mehr übrig lassen.

Jetzt ist auch die richtige Zeit, mit übergewichtigen Vögeln durch Rationierung des Futters eine Diät durchzuführen, um sie in optimaler körperlicher Konstitution in die nächste Brutsaison zu führen.

Im Herbst sollte man auch die Nistkästen entfernen und gründlich reinigen, um sie gut präpariert wieder für die neue Zuchtsaison nutzen zu können. Auch die Voliere und insbesondere der Boden müssen jetzt gesäubert werden.

Sinn dieses Maßnahmenkatalogs ist, die Tiere dem Winter über auf einem „niederen Niveau“, dem sogenannten „Erhaltungsstatus“, zu halten, um sie dann im Frühjahr durch das Umstellen diverser Faktoren in Brutstimmung zu bringen.

Dem einen oder anderen Leser mag dieses Herunterfahren der optimalen Bedingungen als eine nicht tiergerechte Haltung seiner Amazonen erscheinen, tatsächlich wird mit diesen Maßnahmen aber lediglich das simuliert, was die Vögel auch im Freiland durchleben. Unter dem Strich kommt dieser Wechsel nicht nur ihrem natürlichen Bedürfnis nach Erhaltung der Art durch das „Produzieren“ von Nachwuchs zugute, sondern auch ihrer Gesundheit.

Zuchtvorbereitung im Frühjahr

Ab Anfang März, in klimatischen günstigen Gegenden vielleicht auch schon ab Mitte Februar, sollte man vom „Erhaltungsstatus" auf den „Zuchtstatus" umstellen. Dies bedeutet im einzelnen für ein vorgesehenes Zuchtpaar:

a. Verlängerung der Tageslichtlänge, schrittweise auf 14 Tageslichtstunden.
b. Erhöhung der Temperatur auf mindestens 15 °C, besser 20 °C
c. Bereitstellung mindestens zweier mit Einstreu bestückten Nistkästen zur Auswahl, deren Einschlupflöcher evtl. wie zuvor beschrieben verkleinert werden
d. Simulierung der Regenzeit: mindestens dreimal wöchentliches Duschen der Tiere, besser noch tägliches Duschen
e. Ausreichende Möglichkeiten, Kalzium in Form eines Nagesteines, eines Tintenfischschulps und auch in Form von über das Futter bzw. Wasser gereichten Präparaten aufnehmen zu können, um für die Eiproduktion genügend Kalzium zur Verfügung zu haben.
f. Umstellung der Ernährung (nähere Hinweise darauf im folgenden Abschnitt)

Die Ernährung während der Zuchtsaison

Wie weiter oben schon erwähnt, beginnt die Vorbereitung zur Zucht schon im Herbst, und zwar außerhalb der Zuchtsaison. Dies sollte auch Auswirkungen auf die Ernährung haben. Wenn Amazonen ihre Brutsaison beendet haben, schließt sich in der Regel die Mauser des gesamten Gefieders an. Während dieser Zeit haben die Vögel - je nach Intensität der Mauser - eventuell einen etwas erhöhten Mineralstoff-Bedarf, was der Halter aber von Fall zu Fall selbst erkennen sollte.

Danach sollte man die Tiere aber „zur Ruhe kommen lassen" und sie auf „Erhaltungsfutter" umstellen. Ein Blick in die Natur zeigt uns, dass auch dort nicht das ganze Jahr das Futter in üppigem Maße vorhanden ist und die Tiere nur dann brüten, wenn genügend Nahrung vorhanden ist. Außerhalb der Brutzeit wird die Nahrung oftmals knapp und die Tiere müssen um ihr Überleben kämpfen. Soweit darf man bei der Haltung in Menschenobhut natürlich nicht gehen, aber man sollte auch in der Ernährung einen gewissen Jahreswechsel mit einbeziehen, vor allem was die Quantität des Futters anbelangt. So ist außerhalb der Brutzeit die Futtermenge so zu reduzieren, dass die Tiere zwar noch satt werden, aber kein Futter zusätzlich mehr zur Nahrungsaufnahme „als reiner Lustgewinn am Fressen" zur Verfügung steht. Das bedeutet, dass die Futtermenge so bemessen sein muss, dass die Näpfe leer gefressen werden. Eine Amazonen-Diätmischung mit einem nur geringen Anteil an fetthaltigen Samen ist hierfür geeignet. Des Weiteren muss täglich etwas Obst und Gemüse angeboten werden.

Diese Erhaltungsdiät sollte bis zum Beginn der Brutvorbereitungszeit - in der Regel bis Mitte Fe-

Die Ernährung

sollte während der Winterruhephase lediglich durch ein Erhaltungsfutter gewährleistet werden; das Bild zeigt eine Blaukronenamazone.

links: Zur Zuchtsaison sollte Futter in solchen Mengen gereicht werden, dass die Amazonen das Gefühl haben, es wäre auch für die Jungenaufzucht ausreichend vorhanden.

oben: Eifutter für Amazonen

bruar oder Anfang März – gereicht werden, dann erfolgt eine erneute Umstellung des Futters. Zum einen muss jetzt ein Keim- bzw. Kochfutter mit einem hohen Anteil an proteinhaltigen Hülsenfrüchten gereicht werden. Zum anderen ist der Obst- und Gemüseanteil und auch dessen Vielfalt zu erhöhen.

In den Frühjahrsmonaten steht den Amazonen nun auch wieder regelmäßig frisches Grünfutter wie Löwenzahn oder Vogelmiere zur Verfügung. Diese enthalten unter anderem viel Vitamin E, das sich positiv auf den Sexualtrieb auswirkt und deswegen oft als „Fruchtbarkeitsvitamin" bezeichnet wird. Einen ausgezeichneten Überblick über Grünfutter aus der natürlichen Umgebung gibt das Buch „Vogelfutterpflanzen" (Arndt-Verlag, Bretten). Daneben sollte auch die übliche Samenmischung zur Verfügung stehen.

Zur weiteren Erhöhung der Proteingaben ist ein Ei- bzw. Weichfutter zu reichen, von dem verschiedene Sorten im Handel erhältlich sind. Die meisten Tiere müssen in der Regel aber erst daran gewöhnt werden, und es wird nicht immer sofort angenommen. Viele Amazonenpaare gehen erst an dieses Futter, wenn Jungtiere zu versorgen sind.

Wichtig ist jetzt vor allem, den Tieren eine Situation zu bieten, die ihnen den Überfluss der Nahrungsverfügbarkeit simuliert, wie sie zur Brutzeit im natürlichen Habitat der Amazonen vorzufinden ist und welche der Auslöser für den Brutbeginn der meisten Vögel darstellt.

Brutzeit

Waren die Vorbereitungen zur Brutsaison erfolgreich, schreiten Amazonen meist im Frühjahr zur Eiablage. Vorausgehend sind aber wochenlange Erkundungstouren in den Nistkästen, die von beiden Tieren durchgeführt werden. Schon Wochen vor der Eiablage kann man gelegentlich Kopulationen sehen, die oft mehrere Minuten dauern und meist mehrmals täglich wiederholt werden.

Eine eigentliche Balz gibt es bei den Papageien nicht. Trotzdem sind bestimmte Verhaltensweisen verstärkt zu beobachten, die gerade bei den Amazonen besonders ausgeprägt sind. Zu ihnen gehören die soziale Gefiederpflege, bei der sich die Paare intensiv kraulen. Insbesondere vor der eigentlichen Kopulation füttert das Männchen seine Partnerin, wobei es mit pumpenden Bewegungen Futter aus dem Kropf hervorwürgt und dann mit rüttelnden Kopfbewegungen an das Weibchen übergibt. Ein besonderes Schauspiel ist, wenn sich das Männchen vor dem Weibchen mit weit gefächertem Schwanz und leicht abgestellten Flügeln aufbaut und versucht, ihm zu imponieren. Dabei wird die Iris rhythmisch zusammengezogen und bei einigen Arten die Nackenfedern aufgestellt. Dieses Verhalten lässt bei den meisten Amazonenarten auch die Färbung der Schwanzfedern und des Flügelbugs zur Geltung kommen. Zum einem wird damit dem Weibchen die eigene Kraft und Vitalität demonstriert, zum anderen mögliche Konkurrenten in den Nachbarvolieren, aber auch dem Pfleger gezeigt, wer hier Herr im Revier ist.

In der Brutvorbereitungszeit wird die Nisthöhle von außen und innen bearbeitet und benagt. In die Einstreu wird eine leichte Mulde geformt, und oft sitzt das Weibchen nun stundenlang in der Nisthöhle, wo es hin und wieder vom Männchen besucht wird, bis es schließlich zur Ablage des ersten Eies kommt. Dieses wird vom Weibchen in die Mulde gelegt und von nun an behütet und bebrütet. Im Abstand von jeweils zwei bis drei Tagen werden weitere Eier gelegt, bis das Gelege vollständig ist.

Die Gelegegröße schwankt zwischen den einzelnen Amazonen-Arten etwas und liegt normalerweise zwischen zwei und fünf Eiern. Sogar innerhalb einer Amazonenart ist die Gelegegröße nicht konstant, sondern variiert zwischen einzelnen Individuen.

Bei allen Amazonen übernimmt nur das Weibchen das Brutgeschäft. Auch in dieser Zeit wird es gelegentlich vom Männchen in der Nisthöhle besucht. Meist kommt es, um das Weibchen zu füttern und so mit Nahrung zu versorgen. Gelegentlich macht das Weibchen auch kleinere Brutpausen, während denen es die Nisthöhle verlässt, um sich unter anderem zu entleeren. Auch hier ist meist das treu sorgende Männchen sofort zur Stelle, um seine Partnerin zu füttern oder - so lange das Weibchen noch in der Eiproduktion steht - zu begatten. Sobald das Gelege allerdings vollständig ist, hören die Kopulationen auf.

Partnerfüttern

ist bei den Amazonen Teil des Balzverhaltens; das Bild zeigt ein Paar Taubenhals-Amazonen.

Ausschließlich das Weibchen brütet

– das Bild zeigt ein brütendes Roatán-Gelbnackenamazonen-Weibchen.

Tipp 32: Brutpausen können manchmal bis zu 30 Minuten dauern und sind kein Grund zur Aufregung. Gerade in den ersten Tagen, wenn das Gelege noch nicht vollständig ist, kommt es immer wieder zu Unterbrechungen der Brut. Erst wenn Tiere, die schon ein vollständiges Gelege bebrüten, länger als eine Stunde die Eier verlassen, wäre zu überlegen, diese vorübergehend oder ständig zu entfernen und in den Inkubator zu überführen.

Wie lange ein Amazonen-Ei bebrütet wird, ist abhängig von der Amazonenart, aber innerhalb einer Art meist relativ konstant. So liegen die Bebrütungsdauer bei Amazoneneiern (abhängig von der Art) meist zwischen 23 und 28 Tagen.

Einige Weibchen sitzen zwar gleich ab dem ersten Ei im Nistkasten und bebrüten dieses scheinbar auch, fangen mit dem eigentlichen Bebrüten tatsächlich aber erst einige Tage später an. Diese Möglichkeit muss bei der Feststellung der effektiven Brutzeit pro Ei mit in Betracht gezogen werden. Am sichersten bekommt man sie heraus, wenn man die Lege- und Schlupftermine der einzelnen Eier kennt und die Zeitdifferenz ausrechnet, wobei u.U. die ersten Eier nicht berücksichtigt werden dürfen.

Nach einigen Tagen Brutzeit kann man bereits feststellen, ob die Eier befruchtet sind. Nach fünf bis sechs Tagen bilden sich die ersten Blutgefäße, die man beim Durchleuchten mit einer Schierlampe leicht erkennen kann. Allerdings muss dies in einem abgedunkelten Raum geschehen, um das Innere des Eies deutlicher erkennen zu können.

Länger als acht bis zehn Tage nach Ablage des letzten Eies sollte man mit dem Durchleuchten bzw. Schieren nicht warten. Sollte sich das gesamte Gelege als unbefruchtet erweisen, entfernt man dieses sofort. Dadurch ist die Chance wesentlich größer, dass das Weibchen ein Nachgelege produziert, das vielleicht befruchtet ist. Lässt man die Eier bis zum Ende der vollen Brutzeit weiterbebrüten, ist die Bereitschaft, ein weiteres Gelege zu tätigen, bei vielen Arten nicht mehr vorhanden. Ein Nachgelege wird meist zwischen zwei und sechs Wochen nach Entfernen der Eier begonnen.

Um die Zuchtausbeute zu erhöhen, entfernen einige Züchter regelmäßig das erste Gelege eines Jahres. Das Weibchen wird so oft zu einem Nachgelege bewegt. Die Eier werden in den Inkubator überführt und künstlich ausgebrütet. Hier gilt genauso: Je länger das Amazonenweibchen die Eier bebrütet, um so stärker nimmt die Bereitschaft ab, ein zweites Gelege zu produzieren. Die Erfahrung hat gezeigt, dass die Bereitschaft zum Nachlegen noch sehr groß ist, wenn man das Gelege um den zehnten Bebrütungstag entnimmt. Entfernt man das Gelege erst nach über 20 Tagen Brutdauer, sinkt die Bereitschaft für ein Folgegelege schon deutlich.

Ein zweites Gelege zu produzieren ist auch für die Amazonen eine natürliche Verhaltensweise und hat nichts mit Ausbeutung zu tun. Tiere, die in der Natur ihre Eier durch Fressfeinde wie Schlangen, Warane oder Kleinsäuger verlieren, warten auch nicht bis zum nächsten Jahr, um wieder Junge zu produzieren. Sie suchen sich eine neue Nisthöhle und beginnen wieder mit der Brut, denn ihr vordringlichstes Verlangen ist es, sich selbst zu reproduzieren, das heißt ihre Gene weiterzugeben.

Gerade für bedrohte Arten wird die Legebereitschaft der Amazonen für ein zweites Gelege ausgenutzt, um so möglichst die doppelte Anzahl an Jungtieren zu produzieren, was letzten Endes der Erhaltung der Art dienen soll.

Das Thema wird vielerorts kontrovers diskutiert. Aus der Sicht der Autoren ist es aber durchaus vertretbar, das Erstgelege für die künstliche Aufzucht zu entnehmen, dann jedoch den Tieren das zweite Gelege zur eigenen Aufzucht zu überlassen. Züchter, die ihre Tiere als „Legemaschinen" missbrauchen und ihnen generell alle Eier zur künstlichen Aufzucht wegnehmen, werden langfristig nicht viel Freude mit ihren Amazonen haben, da diese Methode zwar kurzfristig einen höheren Erfolg bringen kann, aber es im Interesse jedes ernsthaften Züchters sein sollte, Paare langfristig gesund zu erhalten und natürlich aufziehen zu lassen.

Gelege

eines Weißstirnamazonenpaares.

Durch das ständige Wegnehmen der Eier entkräftet man die Tiere und ruiniert ihre Gesundheit. Sind beispielsweise die Kalkspeicher in den Knochen leer, kommt es regelmäßig zu Legenot durch schalenlose Eier. „Ausgepowerte" Tiere neigen dazu, für ein oder mehrere Jahre mit der Brut aussetzen. Dies ist ein natürlicher Schutzreflex des Körpers.

Das Wegnehmen des ersten Geleges setzt natürlich auch voraus, dass man die Jungen, wie später beschrieben auch sozialisieren kann.

Tipp 33: Wichtig ist es, mit seinen Tieren verantwortungsvoll umzugehen und ihre beste Versorgung zu gewährleisten. Nur konditionell und konstitutionell gesunden Vögeln sollte man ein zweites Gelege als Nachgelege zumuten.

Das erste Küken ist geschlüpft

– das Foto zeigt ein Weißstirnamazonenküken direkt nach dem Schlupf.

Aufzucht junger Amazonen

Nach der regulären Brutdauer sollte man eine Nistkontrolle durchführen, um zu überprüfen, ob die Jungtiere geschlüpft sind. In der Regel gehören Amazonen zu den Papageienarten, die ihre Jungtiere problemlos selbst aufziehen. Nur selten werden Junge nicht angefüttert oder so unzureichend ernährt, dass sie zur Handaufzucht entnommen werden müssen, um sie zu retten.

Etwas mehr Aufmerksamkeit erfordern in dieser Hinsicht Paare, die zum ersten Mal Jungtiere haben. Hier ist meist die Unerfahrenheit der Elterntiere ein Grund, weshalb es zu Problemen kommen kann. Eine Nestkontrolle zur Überprüfung der Jungtiere sollte regelmäßig, aber immer nur dann durchgeführt werden, wenn sich kein Elterntier im Nistkasten befindet. Das ist vor allem ein Schutz für den Züchter selbst, da Amazonen sehr aggressiv auf jeden Eindringling reagieren und sich oft ohne Scheu in die Hand des Kontrolleurs verbeißen, der eigentlich nur die Küken überprüfen will. Diese aggressiven Attacken können soweit gehen, dass das Weibchen aus Überreaktion oder Übersprungshandlung ein Jungtier beißt und dieses dabei schwer verletzt oder sogar tötet, weil es den kontrollierenden Züchter nicht erreichen kann.

Normalerweise sind Amazonen sehr fürsorgliche Elterntiere, die den Nestbereich ständig bewachen und jeden Eindringling versuchen abzuwehren. So stellte einer der beiden Autoren in seinen Untersuchungen zum Brutverhalten der Tucumán-Amazonen (*Amazona tucumana*) im Zoologischen Garten Karlsruhe (Reinschmidt 1995) fest, dass die Jungtiere in der ersten Lebenswoche im Laufe eines Tages nie länger als 13 Minuten und 50 Sekunden allein in der Nisthöhle waren, wobei die mittlere Dauer des Alleinseins lediglich 6 Minuten und 28 Sekunden betrug. Insgesamt wurden die Jungtiere in dieser Zeit täglich nur 1 Stunde, 45 Minuten und 50 Sekunden alleine gelassen. Dieser Wert erhöhte sich in der zweiten Lebenswoche auf 2 Stunden, eine Minute und 20 Sekunden. Ab der dritten Lebenswoche wurde nicht mehr gehudert, und die Elterntiere kamen nur noch zum Füttern in die Nisthöhle, verweilten dann oft noch etwas, brauchten den Jungtieren aber keine Wärme mehr zu spenden, da diese mittlerweile schon gut herangewachsen waren. So waren die Elterntiere in der dritten Lebenswoche nur noch 2 Stunden 9 Minuten und 25 Sekunden pro Tag mit ihren Jungtieren in direktem Kontakt, da sie auch nachts nicht mehr in die Nisthöhle kamen. Der Kontakt zu den Jungen reduzierte sich im Laufe der Aufzuchtsphase so sehr, dass beispielsweise ein Jungtier in der achten Lebenswoche, in der es auch das Nest verließ, täglich nur noch 20 Minuten und 30 Sekunden Kontakt zu seinen Eltern hatte. Dies waren lediglich noch Fütterungskontakte.

In der gleichen Studie wurde untersucht, wie die prozentuale Verteilung der Fütterungen der Jungen durch die beiden Elterntiere lag. Gemessen wurde die Zeit, während der sich jedes Elterntier mit der Fütterung der Jungtiere beschäftigte. So wurde mit Hilfe von Nestkameras festgestellt, dass auch das Männchen schon vom ersten Tag an die Jungen direkt mitfüttert. Zwar wird in erster Linie das Weibchen von ihm versorgt, das dann wiederum das gebrachte Futter an die Jungen weitergibt, aber das Männchen füttert die Jungen in der ersten Lebenswoche bereits 43 Minuten und 40 Sekunden, während das Weibchen mit einer Stunde, 47 Minuten und 45 Sekunden deutlich länger mit dieser Aufgabe beschäftigt ist. Dabei gehen beide Elterntiere sehr vorsichtig mit ihren noch sehr kleinen Küken um. Das Futter wird von den Elterntieren schon etwas vorverdaut aus dem Kropf hochgewürgt und nach und nach als eine Art schleimiger Brei in den winzigen Schnabel übergeben. Dabei streckt sich das Küken den Eltern mit „langem" Hals entgegen. Da die Schnäbel der frisch geschlüpften Tiere noch sehr klein und weich sind, wird jedes Mal nur sehr wenig und sehr vorsichtig Futter übergeben.

Bei den Tucumán-Amazonen wurde dabei festgestellt, dass das Männchen die Jungtiere in der ersten Woche pro Tag 13 mal fütterte, wobei die längste Fütterung genau sechs Minuten dauerte, die kürzeste dagegen nur eine Minute und 13 Sekunden, was eine mittlere Dauer von 3 Minuten und 22 Sekunden ergab. Das Weibchen hingegen fütterte die Jungen in der ersten Lebenswoche 24 mal pro Tag. Hier dauerte die längste Fütterung 12 Minuten und 30 Sekunden und die kürzeste Fütterung gerade einmal 35 Sekunden. Die mittlere Fütterungsdauer betrug 4 Minuten und 25 Sekunden. Vergleicht man den prozentualen Anteil der Fütterungszeit des Weibchens mit dem des Männchens, so entfallen auf das Weibchen in der ersten Lebenswoche 71,17 % der Arbeit und auf das Männchen 28,83 %. Allerdings darf das nicht zu dem Schluss führen, dass das Männchen weniger Arbeit während der Aufzuchtsphase hätte, denn zusätzlich zu den Jungtieren versorgt es auch noch das Weibchen mit Futter.

Junge Tucumán-Amazonen

im Alter zwischen 14 und 21 Tagen.

Im Laufe der Aufzuchtsphase verändert sich ein wenig das Bild der Arbeitsteilung bei den Tucumán-Amazonen. Sie gleicht sich immer mehr an, und in der achten Lebenswoche der Jungtiere ist sie fast identisch: 45 % der Fütterungsarbeit übernimmt das Männchen und 55 % das Weibchen. Allerdings nimmt die Gesamtzeit aller Fütterungen der Elterntiere während der ersten Lebenswochen stetig ab. Waren die Elterntiere in der ersten Lebenswoche noch 2 Stunden 31 Minuten und 25 Sekunden mit der Fütterung eines Jungtieres beschäftigt, reduzierte sich dies in der achten Lebenswoche noch auf genau 20 Minuten und 30 Sekunden. Sicherlich übergaben die Elterntiere in der achten Lebenswoche quantitativ mehr Futter an das Jungtier als in der ersten Lebenswoche, allerdings dauerten die Fütterungen wesentlich kürzer, da das Jungtier mittlerweile fast zur Größe eines erwachsenen Vogels herangewachsen war und gelernt hatte, in kürzerer Zeit mehr Futter aufzunehmen.

Nur das Weibchen brütet und hudert

seine Jungen bis zu einem Alter von etwa 14 Tagen; das Bild zeigt ein Gelbwangenamazonen-Weibchen.

Hudern

Unter Hudern versteht man das Wärmen der Jungtiere durch die Altvögel. Bei den Amazonen obliegt das Hudern nur den Weibchen. Vor allem in den ersten Lebenswochen, wenn die Küken noch nicht fähig sind, ihre Körpertemperatur selbst zu halten, ist es Aufgabe des Weibchens, diese zu wärmen. Nach etwa zwei Lebenswochen sind die Küken soweit herangewachsen, dass ihre Thermoregulation auch ohne zusätzliche Wärme durch das Weibchen auskommt. Das Muttertier hört jetzt auf, die Jungtiere zu hudern.

Dieser Zeitpunkt ist wahrscheinlich genetisch vorgegeben und kann gelegentlich zu Problemen führen. In den ursprünglichen Verbreitungsgebieten Mittel- und Südamerikas sind die Temperaturen während der Brutzeit so hoch, dass das Beenden des Huderns zu keinerlei Problemen während der Aufzucht führt. Züchtet man allerdings in Mitteleuropa Amazonen, kann fehlendes Hudern in den noch kalten Monaten zu Problemen führen, da die Jungtiere unterkühlen können. Wenn das Weibchen nach zwei bis drei Wochen mit dem Hudern aufhört, gleichzeitig aber die Temperaturen - beispielsweise in der Nacht - deutlich zurückgehen, können die Jungtiere unterkühlen bzw. sogar erfrieren. Aufpassen muss man insbesondere bei Einzelküken, bei denen Geschwister zum gegenseitigen Wärmen fehlen. Je mehr Jungtiere im Nest liegen, desto besser können sich diese gegenseitig wärmen und desto weniger besteht die Gefahr des Erfrierens.

Manchmal ist diese Gefahr während kühler Perioden nicht gleich offensichtlich, da die Jungen bei der Kontrolle ja noch offensichtlich leben. Wenn ihr Kropf aber leer ist und sie keinen agilen Eindruck machen, kann die Ursache hierfür bereits eine Unterkühlung sein. Diese führt dazu, dass die jungen Amazonenküken nicht um Futter betteln und apathisch dasitzen. Rasche Hilfe in Form einer zusätzlichen Wärmequelle ist hier lebensnotwendig.

Betrachtet man sich frisch geschlüpfte Jungtiere, so erkennt man schon bei diesen enorme Unterschiede. Während beispielsweise Panama-Amazonen (*Amazona ochrocephala panamensis*) nur sehr spärlich bedunt sind, zeigen Tucumán-Amazonen eine recht starke Bedunung. Diese Unterschiede geben einen deutlichen Hinweis auf die Herkunft der jeweiligen Art. Während die Panama-Amazonen in den heißen Tiefland-Regenwäldern Mittelamerikas leben, reicht das Verbreitungsgebiet der Tucumán-Amazonen in den Anden Argentiniens bis über 2.000 m über dem Meeresspiegel. Hier kann es durchaus auch während der Brutzeit kühler werden, und so ist für die Jungen dieser Art eine dichte Bedunung als

Tipp 34: Züchtet man Amazonen in klimatisch raueren Gegenden, empfiehlt es sich, von vornherein eine Nistkastenheizung (im Fachhandel erhältlich) an der Außenfläche des Nisthöhlenbodens anzubringen, die bei kühleren Temperaturen eingestellt wird und ein Erfrieren der Jungtiere verhindert.

Thermo-Isolation lebensnotwendig, um nicht auszukühlen.

Am Beispiel der Tucumán-Amazone sieht man, dass im Alter von 22 Tagen die ersten Federkiele der Flügeldeckfedern und Armschwingen aufbrechen. Dabei kommen die ersten grünen Federn zum Vorschein. Mit 26 Tagen sind die Flügel schon ganz grün, die Kiele der Handschwingen beginnen sich am 28. Tag zu öffnen. Am 36. Tag öffnen sich die Federkiele des gesamten Kopfbereiches. Am 44. Lebenstag ist die Amazone fast ganz befiedert, alle Kiele sind geöffnet, nur noch das Längenwachstum einiger Federn ist notwendig. Am 51. Lebenstag ist die junge Tucumán-Amazone vollständig befiedert, dennoch verlässt sie im Durchschnitt erst neun Tage später, an ihrem 60. Lebenstag, die Nisthöhle.

Die Entwicklung der Küken kann von einem Nest zum anderen innerhalb gewisser Grenzen etwas variieren. Einfluss nehmende Faktoren sind dabei beispielsweise:

1. die Anzahl der aufzuziehenden Jungtiere,
2. die Versorgung mit Nahrung,
3. die Nistkastengröße.

Betrachtet man die Entwicklung der Körpermasse junger, von den Eltern aufgezogener Tucumán-Amazonen, so erreichen diese zwischen dem 40. und dem 44. Lebenstag das höchste Gewicht, das dann bis zum Ausfliegen wieder zwischen 13 % und 24 % abnimmt. Die Reduzierung des Gewichtes vor dem Ausfliegen erleichtert dem jungen Papagei die ersten noch unsicheren Flüge nach dem Verlassen der Nisthöhle. Je mehr Gewicht ein Jungtier hierbei hätte, desto schwerer würden ihm diese ersten Flüge fallen.

Schon bei kleinen unbefiederten Küken kann man sehen, dass diese immer wieder angedeutete Flugbewegungen mit den noch sehr unterentwickelten Flügeln machen. Je älter die Jungen werden, desto öfter kann man diese Flügelschlagübungen im Nistkasten beobachten. Sind die Amazonen erst einmal befiedert und rückt der Tag des Ausfliegens näher, muss die Flugmuskulatur soweit gestärkt sein, dass die jungen Papageien für ihren ersten Flug bereit sind. In der Natur liegen die Höhlen vieler Arten in sehr hohen Bäumen, und deshalb ist es lebenswichtig, beim Verlassen der Bruthöhle bereits voll flugfähig zu sein, um den „Jungfernflug" überleben zu können.

Vor dem Ausfliegen

müssen Amazonen erst einmal Gewicht verlieren; das Bild zeigt junge Grünwangenamazonen.

Entwicklungsstadien einer Weißstirnamazone

im Alter von 1, 7, 14, 21, 30, 40, 45 und 55 Tage.

Elternaufzucht

Die Jungtiere von den Eltern selbst aufziehen zu lassen ist - abgesehen von offensichtlich verhaltensgeschädigten, unerfahrenen oder unzuverlässigen Paaren - die sicherste Methode, gesunde und kräftige Jungtiere zu erhalten. Wichtigste Voraussetzung ist eine optimale, der Aufzuchtsphase von Jungtieren angepasste Ernährung (Einzelheiten entnehmen Sie dem Kapitel „Ernährung"). Amazonen gehören zu den Papageienarten, die sehr zuverlässig brüten und auch ihre Jungen meist ohne Probleme großziehen. Deshalb sollte man den Tieren zu dieser Aufgabe auch unbedingt Gelegenheit geben und nicht alle Küken zur Handaufzucht entnehmen.

Papageien, die von ihren Eltern aufgezogen werden, sind in der Regel sehr viel scheuer als von Hand aufgezogene Tiere, und es braucht einige Zeit, das Vertrauen der Jungen zu gewinnen. Sind die Elterntiere aber relativ ruhige und zutrauliche Vögel, werden es die Jungvögel auch bald sein. Es empfiehlt sich, die Jungen nach dem Selbständigwerden noch einige Wochen länger bei den Eltern zu lassen, da sie in dieser Zeit noch vieles von ihnen lernen. Nur wenn Aggressionen der Alttiere - in den meisten Fällen vom Männchen ausgehend - auftreten, müssen die Jungtiere von den Eltern getrennt werden. Im Loro Parque werden von den Eltern aufgezogene Jungtiere oft bis Anfang des nächsten Jahres bei den Eltern belassen. Vor Beginn der Brutzeit werden sie aus der Voliere entfernt. Diese verlängerte Zeit bei den Eltern sozialisiert die Jungvögel optimal. Mit solchen Tieren setzt man schon früh beste Grundlagen für später gut funktionierende Zuchtpaare.

Handaufzucht

Die Handaufzucht junger Amazonen wird vom Menschen aus unterschiedlichen Beweggründen durchgeführt. Der wichtigste Grund ist Rettung von Leben. So kommt es gelegentlich vor, dass junge Paare ihren Nachwuchs nicht oder ungenügend füttern. In großen Gelegen bleiben oft die zuletzt geschlüpften Küken in ihrer Entwicklung zurück, weil sie beim Füttern von ihren Eltern als letzte berücksichtigt werden. Nur eine Entnahme zur Handaufzucht kann sie dann vor dem Tod retten.

Schon oft wurde über die Zuchtfähigkeit handaufgezogener Amazonen diskutiert. So wird teilweise pauschal bezweifelt, dass von Menschen aufgezogene Tiere selbst problemlos dem Brutgeschäft nachgehen können. Die Erfahrung hat gezeigt, dass dies in erster Linie für einzeln und isoliert aufgezogene Papageien zutrifft, denen oft auch jegliche Sozialisationsmöglichkeit vorenthalten wurde. Wenn Amazonen jedoch nicht als Einzeltiere ohne Kontakt zu Artgenossen aufge-

Die Aufzucht durch die Eltern

ist die sicherste Methode, gesunde und im Verhalten natürliche Vögel zu erhalten; das Bild zeigt eine Tucumán-Amazone, die ihr Junges füttert.

Handaufzuchten

Jungvogelgruppen

sind eine gute Möglichkeit, handaufgezogene Amazonen zu sozialisieren.

zogen wurden, werden sie - wie die von den Eltern aufgezogenen Tiere auch – ganz normal dem Brutgeschäft nachgehen, sobald sie zuchtreif sind. Wichtig ist während der Aufzuchtsphase der Kontakt zu anderen Jungtieren und, sobald Handaufzuchten flügge werden, zumindest der Sichtkontakt zu anderen adulten Amazonen. Damit ist bereits eine Sozialisation gegeben, die es den Tieren erlaubt, später alle normalen Verhaltensweisen zu zeigen.

Tipp 35: Sind während der Handaufzucht keine gleichaltrigen Artgenossen vorhanden, kann man ihnen auch Jungtiere anderer Arten, aber gleicher Größe zugesellen. Die Hauptsache ist, dass ein Küken nicht isoliert und ohne jeden körperlichen Kontakt aufwächst.

Muss ein Jungtier dennoch einzeln aufgezogen werden, ist es unbedingt notwendig, es in die Nähe von Artgenossen zu bringen, sobald es flügge wird. Ziel ist, ihm so früh wie möglich arttypische Verhaltensweisen zu zeigen und eine totale Prägung auf den Menschen zu vermeiden.

Wenn es dem Halter zusätzlich möglich ist, sollte er die handaufgezogenen Jungen noch einige Zeit in eine Jungvogelgruppe integrieren. Spätestens diese Maßnahme macht dann aus den jungen Handaufzuchten „normale“ Amazonen.

Werden hingegen junge Amazonen einzeln und isoliert und ohne jeden Kontakt zu anderen Papageien aufgezogen, prägen sich solche Tiere ausschließlich auf den Menschen. Oft haben diese Tiere später Probleme, Artgenossen als solche zu erkennen und mit ihnen „normale“ Bindungen einzugehen. So kommt es bei der Verpaarung der Tiere dann auch fast regelmäßig zu Problemen, und Zuchterfolge mit ihnen sind oft nicht möglich. Allerdings kommt es natürlich immer individuell auf das einzelne Tier, dessen Charakter und dessen Grad der „Verprägung“ an. Einen Versuch, solche Einzeltiere zu verpaaren, sollte man trotzdem immer versuchen.

Tipp 36: Es würde hier zu weit führen, hier das komplette Wissen zur Kunstbrut und Handaufzucht von Papageien zu erläutern, da dies den Umfang dieses Buches sprengen würde. Deshalb sei auf das Buch „Kunstbrut und Handaufzucht von Papageien und Sittichen" von Matthias Reinschmidt hingewiesen, das ebenfalls im Arndt-Verlag erschienen ist. Es befasst sich ausgiebig neben dem theoretischen Wissen auch mit allen praktischen Fragen zum Thema und beschreibt zusätzlich alle die Probleme und Fehler, die sich während der Aufzucht von Papageien ereignen können und wie sie vermieden werden.

Futterschalen eignen sich gut zum Transport

der entnommenen Amazoneneier.

Anleitung zur Kunstbrut und Handaufzucht von Amazonen

Ist man gezwungen, Eier oder Jungtiere der Nisthöhle zu entnehmen, sollte dies ein wohl bedachter und zuvor gut organisierter Vorgang sein, um Enttäuschungen zu vermeiden und den Erfolg des künstlichen Bebrütens von Eiern bzw. einer Handaufzucht von Jungtieren nicht zu gefährden.

Im folgenden Kapitel soll dem Leser das Grundwissen zur künstlichen Bebrütung von Amazoneneiern und zur Handaufzucht von Amazonen ab dem ersten Lebenstag an die Hand gegeben werden, um für den Notfall gerüstet zu sein.

Kunstbrut von Amazoneneiern

Bevor man Eier der Nisthöhle entnimmt, sollte ein Transportgefäß bereit stehen. Am besten eignet sich zum Transport der Eier zwischen Nisthöhle und Inkubator ein mit Futter gefüllter Napf, da die Eier darin erschütterungsfrei gelagert werden können.

Die Eier sollten immer nur der leeren Nisthöhle entnommen werden, da es ansonsten zu Verteidigungsattacken der Elterntiere kommen kann, bei denen die Eier beschädigt werden können. Deshalb sollte der Züchter die Chance zur Nestkontrolle nur nutzen, wenn das Weibchen zur Futteraufnahme die Nisthöhle verlassen hat.

Bevor man die Eier in den Inkubator überführt, müssen diese auf eventuelle Beschädigungen hin überprüft werden. Dazu sind sogenannte Schierlampen im Fachhandel erhältlich. Eine Taschenlampe mit einem starken Lichtstrahl kann aber ohne weiteres den gleichen Zweck erfüllen. In einem abgedunkelten Raum durchleuchtet man die Eier und erkennt, ob die Schale intakt ist. Beschädigte Eier zeigen oftmals kleine feine Haarrisse. Lässt man diese wie sie sind, verlieren die Eier zu viel Feuchtigkeit, trocknen aus und sterben ab. Es hat sich bewährt, die Eier einfach mit einem Klebstoff (z.B. UHU) an den beschädigten Stellen zu schließen und so einem Wasserverlust entgegenzuwirken. Allerdings gelingt dies nur, wenn die inneren Eihäute nicht verletzt sind. Ist dies der Fall, sind meist schon Bakterien in das Ei eingedrungen, die den Embryo infizieren und so zu seinem frühzeitigen Tod führen.

Kunstbrut

Brutapparate

in der Aufzuchtstation des Loro Parque

Verschmutzte Eier sollten mit einer 10-prozentigen Iodophor-Lösung, die maximal 35 °C warm sein darf, gereinigt werden, da der Schmutz ansonsten die zur Atmung notwendigen Poren der Eischale verstopft. Auch dies kann zum vorzeitigen Absterben des Embryos führen. Optisch saubere Eier braucht man nicht zu behandeln.

Eier, die in den Inkubator überführt werden sollen, müssen unbedingt beschriftet werden, da es sonst leicht zu Verwechslungen kommen kann, wenn plötzlich mehrere Gelege unterschiedlicher Tiere im Brutapparat liegen. Dazu eignen sich entweder ein sehr weicher Bleistift oder aber wasserfeste dünne schwarze Filzstifte. Man sollte nun nicht das ganze Ei mit Daten voll schreiben, sondern sich auf eine einfache Nummerierung beschränken. In einer separaten Liste werden dann die zugehörigen Daten wie Artzugehörigkeit, Legedatum, Größe, Gewicht usw. unter der entsprechenden Ei-Nummer notiert.

Die Wahl des Brutapparates kann entscheidend für Erfolg oder Misserfolg der Kunstbrut sein.

Man sollte bei der Anschaffung eines Brutapparates nicht sparen, sondern sich nur eines der besten Geräte kaufen. Dann bekommt man die erforderliche Qualität, bereut die Anschaffung auch nach Jahren nicht und ist sich sicher, alles für den reibungslosen Erfolg getan zu haben.

Die wichtigsten Eigenschaften eines guten Brutapparates sind das Erzeugen einer genau eingestellten Temperatur und ihre präzise Einhaltung über den gesamten Zeitraum des Betriebs. Abweichungen dürfen nicht mehr als ein bis zwei Zehntelgrad betragen. Die Luftfeuchtigkeit muss regelbar sein. Eine automatische Wendevorrichtung für die Eier erspart viel Arbeit und Zeit und erleichtert das Ausbrüten der Eier ungemein.

Der Brutapparat sollte in einem Zimmer mit gleichbleibenden Temperaturen aufgestellt werden, das auch über genügend Frischluftzufuhr verfügt. Ein stabiler Tisch, auf den der Apparat gestellt wird, ist obligatorisch. Eine Schaumstoffunterlage unter dem Brutapparat fängt leichte Vibrationen auf, die eventuell vom Betrieb des Gerätes ausgehen.

Die Brutdauer beträgt bei den Amazonen je nach Art zwischen 23 und 28 Tagen. Genaue Angaben hierzu finden Sie beim jeweiligen Artportrait im Folgeband zu diesem Buch.

Werden die Eier in den Inkubator überführt, sollte dieser schon ein paar Tage in Betrieb sein und

Tipp 37: Der Inkubator ist in der Regel mit einem Thermometer und einem Hygrometer ausgestattet. Zur Kontrolle sollten aber dennoch jeweils ein weiterer Hygrometer und ein Thermometer die Messwerte überprüfen. Dadurch erhält man die Sicherheit einer korrekten Messung und kann bei Abweichungen schnell eingreifen.

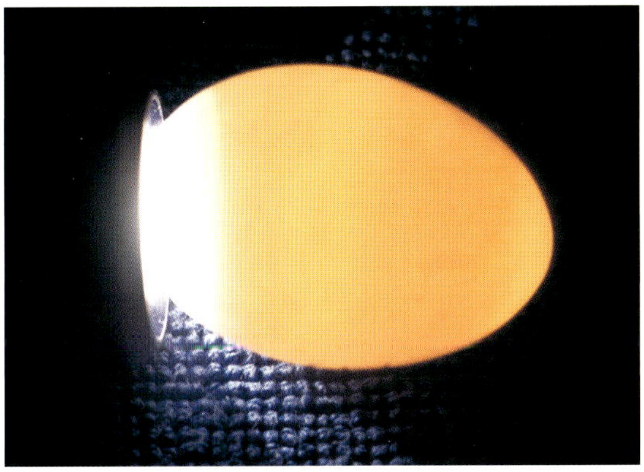

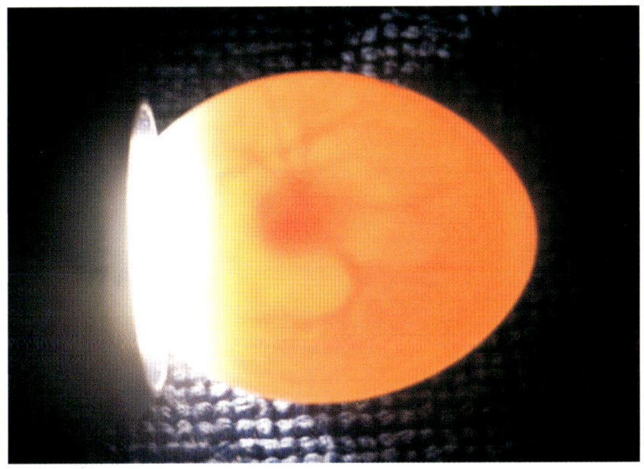

Abgebildet sind links ein unbefruchtetes und rechts ein befruchtetes Ei, in dem die Keimscheibe sowie die Blutgefäße zu erkennen sind.

einer täglichen Temperaturüberprüfung standgehalten haben. Die ideale Bruttemperatur für Amazoneneiern liegt zwischen 37,1 °C und 37,4 °C.

Tipp 38: Die Brutapparate des Loro Parque sind so eingerichtet, dass die Eier in einer halben Stunde um 180 Grad gedreht werden und dann wieder eine halbe Stunde ruhen. Diese Einstellung wird mittels einer Zeitschaltuhr erreicht, die im Halbstundenrhythmus eingestellt ist. Mit dieser Methode wurden die besten Schlupfergebnisse erzielt.

Äußerst wichtig ist das regelmäßige Wenden der Eier, da gerade in den ersten Bebrütungstagen, wenn das Blutgefäßsystem noch nicht stark ausgebildet ist, der Embryo durch das Drehen an neue, unverbrauchte Nährstoffreserven gelangt. Auch die Weibchen wenden regelmäßig die Eier des Geleges. In der zuvor beschriebenen Untersuchung konnte Reinschmidt ein brütendes Tucumán-Amazonen-Weibchen mittels einer Nestkamera beobachten, das sich etwa jede Stunde mit dem Drehen der Eier beschäftigte.

In der Regel sind gut ausgestattete Brutapparate mit einer automatischen Rollwende ausgerüstet, und mit Hilfe einer Zeitschaltuhr kann man die Anzahl der täglichen Drehungen der Eier einstellen. Das absolute Minimum sind drei Drehungen pro Tag, wobei ein häufigeres Drehen absolut empfehlenswert ist.

Wichtig ist es, das Ei abwechselnd in die eine und dann wieder in die andere Richtung zu drehen, da der Dotter an zwei spiralförmigen Hagelschnüren aufgehängt ist, die aber gegenläufig angeordnet sind. Würde immer nur in eine Richtung gedreht, würde sich eine Hagelschnur ganz aufwickeln und die andere sich immer fester zuziehen und die Struktur reißen.

Bebrütet man die Eier vom ersten Tag an, so kann man bereits nach vier bis fünf Tagen Bebrütungszeit bei befruchteten Eiern die Keimscheibe entdecken. Um ganz sicher zu gehen, kann man auch noch ein paar Tage zugeben und erst dann nochmals kontrollieren. Ist keine Entwicklung im Ei zu erkennen und bleibt es klar, ist es in der Regel unbefruchtet und kann aus dem Inkubator entfernt werden. Hingeben erkennt man befruchtete Eier außer an der Keimscheibe an dem von Tag zu Tag dichter werdenden Blutgefäßsystem.

Kurz vor dem Schlupf

sollten die Eier in separate Schalen gegeben werden (oben links).

Der Luftfeuchtigkeit im Brutapparat kommt besondere Bedeutung zu (oben rechts).

Der Embryo wächst heran, und bald ist das Ei nicht mehr zu durchleuchten, da der Embryo den gesamten Platz im Ei einnimmt und die Transparenz des Eies verloren geht.

Der Luftfeuchtigkeit im Brutapparat kommt besondere Bedeutung zu. Grundsätzlich sollte man Amazoneneier bei einer Luftfeuchte von 40 % bebrüten. Mit Hilfe der Luftfeuchte lässt sich auch die Gewichtsabnahme des Eies regeln. Normalerweise sollte ein „normales" Amazonenei während des Bebrütens etwa 15 % der Gesamtmasse verlieren.

Um beobachten zu können, ob die Entwicklung normal abläuft, wiegt man das frisch gelegte Ei, zieht davon 15 % ab und erhält so die Masse, die das Ei beim Schlupf wiegen sollte. Man kann sich diese beiden Werte auf ein Koordinatorenkreuz auftragen und eine Gerade ziehen. Dann kann man bei Kontrollwiegungen während der Brutzeit erkennen, ob das Ei zuviel oder zuwenig Gewicht verloren hat. Um entsprechend gegenwirken zu können, kann man, wenn das Ei zuviel Masse verloren hat, die Luftfeuche erhöhen. Wenn das Ei zu wenig Masse abgegeben hat, wird die Luftfeuchte gesenkt, wodurch man versuchen kann, in etwa die Ideallinie einzuhalten. Als Faustregel sollte man sich merken: Hohe Luftfeuchte im Brutapparat bedeutet wenig Gewichtsabnahme des Eies, niedrige Luftfeuchte sorgt für eine hohe Gewichtsabnahme.

Sobald man merkt, dass der Embryo anfängt, das Ei von Innen anzupicken, sollte man es in eine separate Schüssel legen, damit das gerade geschlüpfte Küken nicht zwischen die Rollvorrichtung des Brutapparates gerät. Bis zum eigentlichen Schlupfvorgang kann man ein angepicktes Ei aber dennoch mehrmals täglich per Hand drehen.

Tipp 39: Betreibt man mehrere Brutapparate parallel, können diese bei gleicher Bruttemperatur auf unterschiedliche Luftfeuchte eingestellt werden, so dass man die Eier je nach Bedarf einfach umlegen kann.

Handaufzucht von Amazonen

Grundsätzlich kann man die Handaufzucht von Amazonen als relativ einfach bezeichnen. Bevor man jedoch beginnen kann, muss man mit den notwendigen Gerätschaften ausgestattet sein, die für einen reibungslosen Ablauf der Handaufzucht benötigt werden.

So ist die Frage der Wahl einer guten Aufzuchtbox entscheidend. Beim Kauf einer Wärmebox muss man darauf achten, dass das Heizsystem gleichmäßig erwärmt sowie ein gutes Belüftungssystem eingebaut ist, das eine konstante Frischluftzufuhr gewährleistet.

Wärmeboxen gibt es in verschiedenen Ausführungen. Sie reichen von einer einfachen Holzkiste mit Heizspirale bis hin zur digital gesteuerten, gut zu reinigenden Kunststoffwärmebox. Der Markt bietet ausreichend Auswahl für jeden Geldbeutel. Aber auch hier sollte man lieber etwas mehr Geld für entsprechende Qualität ausgeben; insbesondere wenn man weiß, dass die Handaufzucht von Jungvögeln auch in der Zukunft zu erwarten ist, wird sich langfristig ein gutes Gerät lohnen.

Abhängig vom Ziel oder von der Notwendigkeit muss man unterscheiden, ob man Küken vom ersten Lebenstag an großzieh, oder ob die Jungtiere schon wenige Tage bis Wochen alt sind und bisher von den Eltern großgezogen wurden.

Jungtiere, die man vom ersten Tag an großzieht, sind etwas empfindlicher und bedürfen intensiverer Pflege, da ihr Immunsystem noch nicht so entwickelt ist wie das der Tiere, die schon ein paar Wochen von den Eltern betreut wurden.

Frisch geschlüpfte Küken sollte man zunächst zwecks besserer Beobachtung einzeln in einer eigenen, der Größe des Kükens angepassten Schüssel unterbringen. Als Einlage verwendet man zunächst saugfähiges Küchenkrepppapier, das nach jeder Fütterung ausgewechselt wird. Somit bleibt das Jungtier sauber. Entwickelt sich das Küken in den ersten Tagen gut, sollte man es mit anderen Küken gleicher Größe zusammenlegen, um frühzeitig den Sozialisierungsprozess zu fördern. Dadurch verhindert man eine zu starke Fixierung auf den Menschen. Um mehrere Jungtiere, die in einer Schüssel zusammenliegen, unterscheiden zu können, hat sich eine Markierung mit Nagellack am Kopf bewährt. Diese muss man zwar alle paar Tage erneuern, aber ein kleiner Punkt reicht schon aus.

Frisch geschlüpfte Amazonenküken

in der Aufzuchtstation des Loro Parque.

> **Tipp 40:** Werden die Jungtiere größer und steigt somit auch das Aufkommen des Kots, hat sich in der Handaufzuchtstation des Loro Parque ein Maisgranulat als Einstreu in der Schüssel bewährt. Dieses ist sehr saugfähig und unschädlich, falls es von den Jungtieren einmal versehentlich aufgenommen wird, da es wieder unverdaut ausgeschieden wird.

Die Fütterung

der Amazonenküken erfolgt mittels einer Plastikspritze.

Frisch geschlüpfte Amazonen sollte man in der Wärmebox für die ersten Tage zunächst bei etwa 36°C halten. Nach vier bis fünf Tagen senkt man die Temperatur auf 35°C, danach reduziert man sie in Ein-Grad-Schritten weiter, bis man zum Zeitpunkt der Befiederung der Jungtiere etwa Zimmertemperatur erreicht hat. Jetzt ist die Wärmebox nicht mehr notwendig, und die Tiere können in einen größeren Plastikkübel als Nisthöhlenersatz gesetzt werden.

Frisch geschlüpfte Amazonen erhalten etwa zwei Stunden nach dem Schlupf ihre erste Fütterung. Dies sollte eine Gabe von papageienspezifischen Lactobazillen sein, die sich im Verdauungstrakt der Küken dauerhaft ansiedeln und den Verdauungsvorgang unterstützen. Jungtiere, die schon von den Eltern angefüttert waren, benötigen diese Gabe nicht. Danach wird der Futterbrei zunächst im Zwei-Stunden-Rhythmus bzw. so oft wie möglich gegeben. In den ersten Tagen sollten bis zu zehn Fütterungen täglich möglich sein. Dabei sollten die Fütterungen mindestens zwischen 7 Uhr morgens und 24 Uhr nachts vorgenommen werden. Eine zusätzliche Fütterung zwischen drei und vier Uhr nachts ist zum Überleben der Küken zwar nicht zwingend notwendig, beschleunigt aber deren Entwicklung, da keine allzu lange Nachtpause eingelegt wird. Mittels Videoaufnahmen in den Nisthöhlen von Amazonen konnte Reinschmidt (1996) beweisen, dass junge Amazonen in den ersten beiden Lebenswochen auch nachts regelmäßig gefüttert werden. Dazu füttert das Weibchen die Jungen fast stündlich aus dem Kropf. Dies geschieht zwar immer nur in kleinen Mengen, dafür aber regelmäßig. Im Alter von zwei Wochen ist hingegen eine sieben- bis achtstündige Fütterungspause ohne Probleme für die Jungtiere möglich.

Kleine Plastikspritzen - ab 1 ml bis 20 ml - eignen sich bestens, um den Futterbrei, der langsam in den Schnabel der Küken gespritzt wird, zu verabreichen. Der Brei sollte etwa eine Temperatur von 40°C haben, aber auf keinen Fall heißer sein, da sonst Kropfverbrennungen hervorgerufen werden. Das tägliche Wiegen morgens vor der ersten Fütterung der Jungen ist obligatorisch, den daraus leitet sich auch die Futtermenge ab, die über den Tag gegeben wird. Jede Fütterung sollte etwa 10 % des Körpergewichtes betragen. So erhält zum Beispiel ein 25 g schweres Küken pro Fütterung etwa 2,5 ml Futterbrei, während ein älteres Jungtier mit einem Gewicht von 360 g etwa 36 ml Futterbrei bekommt.

Die Fütterungsfrequenz richtet sich nach der Verdauungsgeschwindigkeit des Jungen. Zunächst braucht dieses etwa zwei Stunden bis zum vollständigen Entleeren des Kropfes, schon nach einer Woche benötigt der Vogel etwa drei Stunden dafür. Dies steigert sich mit zunehmendem Alter, bis die Tiere zwar schon befiedert, aber noch nicht flügge sind. In diesem Alter wird noch etwa dreimal täglich gefüttert.

Tipp 41: Junge Amazonen lernen schneller Futter aufzunehmen, wenn sie einen „Lehrer" haben. Ein anderes, schon selbstständiges Jungtier oder eine Amazone aus dem Vorjahr leisten hier gute Dienste. Man kann auch die Jungtiere in Sichtnähe zu den Eltern oder anderen Amazonen halten, so dass sie wichtige Verhaltensweisen von diesen abschauen und erlernen können.

Zur besseren Sozialisierung

sollte man nach Möglichkeit immer mehrere Amazonen-Junge gleichzeitig aufziehen; hier wurden eine einzelne Prachtamazone und eine Gelbschulteramazone zu jungen Granada-Amazonen gesetzt.

Der Handel hält heute eine ganze Reihe hervorragender Fertigfuttermischungen für die Handaufzucht bereit, die lediglich noch mit warmem Wasser angerührt werden müssen. Diese Produkte sind nahezu alle uneingeschränkt zu empfehlen, da man die Jungtiere mit ihnen ohne andere Zusätze vom ersten Tag an bis zur Selbstständigkeit großziehen kann.

Kommen die jungen Amazonen im Alter zwischen 55 und 65 Tagen in das Alter, in dem sie normalerweise in der Natur die Nisthöhle verlassen würden, wird es auch in der Handaufzucht Zeit, sie in einen Käfig umzusetzen. Hier wird ihnen die ganze Palette der üblichen Nahrung angeboten (trockenes Körnerfutter, Amazonenmischung, Koch- oder Keimfutter, frische weiche Maiskolben, Obst- und Gemüsemischung). Nun lernen die jungen Amazonen - zunächst spielerisch, aber mit zunehmendem Alter immer gezielter - Nahrung aufzunehmen.

In dieser Zeit ist es wichtig, das Nahrungsangebot an Obst- und Gemüsesorten sehr vielfältig zu gestalten. Wenn jetzt eine große Auswahl angeboten wird, lernt der Vogel, diese auch zu nutzen, und er wird sich später als erwachsenes Tier nicht als „Kostverächter" erweisen, sondern sich abwechslungsreich ernähren. Amazonen hingegen, die in dieser „Lernphase" nur einseitig ernährt werden, sind später sehr viel schwieriger an neue Futtersorten zu gewöhnen.

Mit etwa vier Monaten sind junge Amazonen selbständig und müssen nicht mehr gefüttert werden. Die Entwöhnungsphase ist oft eine schwierige Zeit, und man muss viel Fingerspitzengefühl zeigen, um nicht zuviel oder zuwenig Futter von Hand zuzufüttern. Eine regelmäßige Überprüfung des Gewichtes hilft dem Pfleger dabei, sich von den Bettellauten der Jungtiere nicht allzu sehr verleiten zu lassen, sie rund um die Uhr zu „mästen".

Tipp 42: Weitergehende Informationen zum Thema Handaufzucht finden sie im Buch „Kunstbrut und Handaufzucht von Papageien und Sittichen" von Matthias Reinschmidt, erschienen im Arndt-Verlag.

Namensregister

Deutsche Namen

Fett geschriebene Zahlen weisen auf eine Abbildung hin.

Wissenschaftliche Namen

Fett geschriebene Zahlen weisen auf eine Abbildung hin.

Sachregister

Sachregister